冰冻圈科学丛书

总主编：秦大河

副总主编：姚檀栋　丁永建　任贾文

冰冻圈微生物学

陈　拓　　张　威　著

科学出版社

北　京

内 容 简 介

本书系统论述冰冻圈微生物学的定义、主要研究内容、发展趋势和研究意义,归纳了冰冻圈微生物学研究的基本方法,概述了冰冻圈主要组成要素(冰川、冻土、冰下湖、海冰与海底多年冻土)中微生物的研究进展,主要涵盖微生物种类、影响因素、研究意义等,阐释了冰冻圈微生物的冷适应机制,介绍了冰冻圈微生物在工农业、环境治理和医药卫生方面的应用及前景。

本书可供生态学、地球科学和生物技术等方面的科研、教学和产业有关人员使用和参考,也可作为高等院校相关专业教材。

图书在版编目(CIP)数据

冰冻圈微生物学/陈拓,张威著. —北京:科学出版社,2022.3
(冰冻圈科学丛书 / 秦大河总主编)
ISBN 978-7-03-071905-8

Ⅰ. ①冰… Ⅱ. ①陈… ②张… Ⅲ. ①冰川学-微生物学 Ⅳ. ①P343.6②Q93

中国版本图书馆 CIP 数据核字(2022)第 043371 号

责任编辑:杨帅英 白 丹/责任校对:张小霞
责任印制:吴兆东/封面设计:图阅社

科学出版社 出版
北京东黄城根北街 16 号
邮政编码:100717
http://www.sciencep.com
北京建宏印刷有限公司 印刷
科学出版社发行 各地新华书店经销
*
2022 年 3 月第 一 版 开本:787×1092 1/16
2022 年 11 月第二次印刷 印张:9 1/2
字数:220 000
定价:68.00 元
(如有印装质量问题,我社负责调换)

本书编写组

主　　笔：陈　拓

副 主 笔：张　威

主要作者：（按姓氏汉语拼音排序）

　　　　　陈熙明　胡维刚　李师翁

　　　　　刘文杰　王　筠　王金成

　　　　　伍修锟　张昺林　章高森

# 丛书总序

　　习近平总书记提出构建人类命运共同体的重要理念，这是全球治理的中国方案，得到世界各国的积极响应。在这一理念的指引下，中国在应对气候变化、粮食安全、水资源保护等人类社会共同面临的重大命题中发挥了越来越重要的作用。在生态环境变化中，作为地球表层连续分布并具有一定厚度的负温圈层，冰冻圈成为气候系统的一个特殊圈层，涵盖冰川、积雪和冻土等地球表层的冰冻部分。冰冻圈储存着全球77%的淡水资源，是陆地上最大的淡水资源库，也被称为"地球上的固体水库"。

　　冰冻圈与大气圈、水圈、岩石圈及生物圈并列为气候系统的五大圈层。科学研究表明，在受气候变化影响的诸环境系统中，冰冻圈变化首当其冲，是全球变化最快速、最显著、最具指示性，也是对气候系统影响最直接、最敏感的圈层，被认为是气候系统多圈层相互作用的核心纽带和关键性因素之一。随着气候变暖，冰冻圈的变化及对海平面、气候、生态、淡水资源以及碳循环的影响，已经成为国际社会广泛关注的热点和科学研究的前沿领域。尤其是进入21世纪以来，在国际社会推动下，冰冻圈研究发展尤为迅速。2000年世界气候研究计划（WCRP）推出了气候与冰冻圈计划（CliC）。2007年，鉴于冰冻圈科学在全球变化中的重要作用，国际大地测量和地球物理学联合会（IUGG）专门增设了国际冰冻圈科学协会（IACS），这是其成立80多年来史无前例的决定。

　　中国的冰川是亚洲十多条大江大河的发源地，直接或间接影响下游十几个国家逾20亿人口的生计。特别是以青藏高原为主体的冰冻圈是中低纬度冰冻圈最发育的地区，是我国重要的生态安全屏障和战略资源储备基地，对我国气候、生态、水文、灾害等具有广泛影响，又被称为"亚洲水塔"和"地球第三极"。

　　中国政府和中国科研机构一直以来高度重视冰冻圈的研究。早在1961年，中国科学院就成立了从事冰川学观测研究的国家级野外台站——天山冰川观测试验站。1970年开始，中国科学院组织开展了我国第一次冰川资源调查，编制了《中国冰川目录》，建立了中国冰川信息系统数据库。1973年，中国科学院青藏高原第一次综合科学考察队成立，拉开了对青藏高原进行大规模综合科学考察的序幕。这是人类历史上第一次全面地、系统地对青藏高原的科学考察。2007年3月，我国成立了冰冻圈科学国家重点实验室，其是国际上第一个以冰冻圈科学命名的研究机构。2017年8月，时隔四十余年，中国科学院启动了第二次青藏高原综合科学考察研究，习近平总书记专门致贺信勉励科学考察研究队。此后，中国科学院还启动了"第三极"国际大科学计划，支持全球科学家共同研

究好、守护好世界上最后一方净土。

　　当前，冰冻圈研究主要沿着两条主线并行前进：一是深化对冰冻圈与气候系统之间相互作用的物理过程与反馈机制的理解，主要是评估和量化过去和未来气候变化对冰冻圈各分量的影响；二是以"冰冻圈科学"为核心，着力推动冰冻圈科学向体系化方向发展。以秦大河院士为首的中国科学家团队抓住了国际冰冻圈科学发展的大势，在冰冻圈科学体系化建设方面走在了国际前列，"冰冻圈科学丛书"的出版就是重要标志。这一丛书认真梳理了国内外科学发展趋势，系统总结了冰冻圈研究进展，综合分析了冰冻圈自身过程、机理及其与其他圈层相互作用关系，深入解析了冰冻圈科学内涵和外延，体系化构建了冰冻圈科学理论和方法。丛书以"冰冻圈变化—影响—适应"为主线，包括自然和人文相关领域，内容涵盖冰冻圈物理、化学、地理、气候、水文、生物和微生物、环境、第四纪、工程、灾害、人文、地缘、遥感以及行星冰冻圈等相关学科领域，是目前世界上最全面系统的冰冻圈科学丛书。这一丛书的出版，不仅凝聚着中国冰冻圈人的智慧、心血和汗水，也标志着中国科学家已经将冰冻圈科学提升到学科体系化、理论系统化、知识教材化的新高度。在丛书即将付梓之际，我为中国科学家取得的这一系统性成果感到由衷的高兴！衷心期待以丛书出版为契机，推动冰冻圈研究持续深化、产出更多重要成果，为保护人类共同的家园——地球做出更大贡献。

白春礼院士
"一带一路"国际科学组织联盟主席
2019 年 10 月于北京

丛书自序

　　虽然科研界之前已经有了一些调查和研究，但系统和有组织地对冰川、冻土、积雪等中国冰冻圈主要组成要素的调查和研究是从 20 世纪 50 年代国家大规模经济建设时期开始的。为满足国家经济社会发展建设的需求，1958 年中国科学院组织了祁连山现代冰川考察，初衷是向祁连山索要冰雪融水资源，满足河西走廊农业灌溉的要求。之后，青藏公路如何安全通过高原的多年冻土区，如何应对天山山区公路的冬春季节积雪、雪崩和吹雪造成的灾害，等等，一系列亟待解决的冰冻圈科技问题摆在了中国建设者的面前。来自四面八方的年轻科学家齐聚在皋兰山下、黄河之畔的兰州，忘我地投身于研究，却发现大家对冰川、冻土、积雪组成的冰冷世界知之不多，认识不够。中国冰冻圈科学研究就是在这样的背景下，踏上了它六十余载的艰辛求索之路！

　　进入 20 世纪 70 年代末期，我国冰冻圈研究在观测试验、形成演化、分区分类、空间分布等方面取得显著进步，积累了大量科学数据，科学认知大大提高。20 世纪 80 年代以后，随着中国的改革开放，科学研究重新得到重视，冰川、冻土、积雪研究也驶入发展的快车道，针对冰冻圈组成要素形成演化的过程、机理研究，基于小流域的观测试验及理论等取得重要进展，研究区域也从中国西部扩展到南极和北极地区，同时实验室建设、遥感技术应用等方法和手段也有了长足发展，中国的冰冻圈研究实现了与国际接轨，研究工作进入平稳、快速的发展阶段。

　　21 世纪以来，随着全球气候变暖进一步显现，冰冻圈研究受到科学界和社会的高度关注，同时，冰冻圈变化及其带来的一系列科技和经济社会问题也引起了人们广泛注意。在深化对冰冻圈自身机理、过程认识的同时，人们更加关注冰冻圈与气候系统其他圈层之间的相互作用及其效应。在研究冰冻圈与气候相互作用的同时，联系可持续发展，在冰冻圈变化与生物多样性、海洋、土地、淡水资源、极端事件、基础设施、大型工程、城市、文化旅游乃至地缘政治等关键问题上展开研究，拉开了建设冰冻圈科学学科体系的帷幕。

　　冰冻圈的概念是 20 世纪 70 年代提出的，科学家们从气候系统的视角，认识到冰冻圈对全球变化的特殊作用。但真正将冰冻圈提升到国际科学视野始于 2000 年启动的世界气候研究计划-气候与冰冻圈核心计划（WCRP-CliC），该计划将冰川（含山地冰川、南极冰盖、格陵兰冰盖和其他小冰帽）、积雪、冻土（含多年冻土和季节冻土），以及海冰、冰架、冰山、海底多年冻土和大气圈中冻结状的水体视为一个整体，即冰冻圈，首次将冰冻圈列为组成气候系统的五大圈层之一，展开系统研究。2007 年 7 月，在意大利佩鲁贾举行的第 24 届国际大地测量和地球物理学联合会上，原来在国际水文科学协会（IAHS）下设的国际雪冰科学委员会（ICSI）被提升为国际冰冻圈科学协会，升格为一级学科。这是 IUGG 成立 80 多年来唯一的一次机构变化。"冰冻圈科学"(cryospheric science, CS)这一术语始见于国际计划。

在 IACS 成立之前，国际社会还在探讨冰冻圈科学未来方向之际，中国科学院于 2007 年 3 月在兰州成立了世界上第一个以"冰冻圈科学"命名的"冰冻圈科学国家重点实验室"，同年 7 月又启动了国家重点基础研究发展计划（973 计划）项目——"我国冰冻圈动态过程及其对气候、水文和生态的影响机理与适应对策"。中国命名"冰冻圈科学"研究实体比 IACS 早，在冰冻圈科学学科体系化方面也率先迈出了实质性步伐，又针对冰冻圈变化对气候、水文、生态和可持续发展等方面的影响及其适应展开研究，创新性地提出了冰冻圈科学的理论体系及学科构成。中国科学家不仅关注冰冻圈自身的变化，更关注这一变化产生的系列影响。2013 年启动的国家重点基础研究发展计划 A 类项目（超级"973"）"冰冻圈变化及其影响"，进一步梳理国内外科学发展动态和趋势，明确了冰冻圈科学的核心脉络，即变化—影响—适应，构建了冰冻圈科学的整体框架——冰冻圈科学树。在同一时段里，中国科学家 2007 年开始构思，从 2010 年起先后组织了 60 多位专家学者，召开 8 次研讨会，于 2012 年完成出版了《英汉冰冻圈科学词汇》，2014 年出版了《冰冻圈科学辞典》，匡正了冰冻圈科学的定义、内涵和科学术语，完成了冰冻圈科学奠基性工作。2014 年冰冻圈科学学科体系化建设进入一个新阶段，2017 年出版的《冰冻圈科学概论》（其英文版将于 2021 年出版）中，进一步厘清了冰冻圈科学的概念、主导思想，学科主线。在此基础上，2018 年发表的科学论文 *Cryosphere Science: research framework and disciplinary system*，对冰冻圈科学的概念、内涵和外延、研究框架、理论基础、学科组成及未来方向等以英文形式进行了系统阐述，中国科学家的思想正式走向国际。2018 年，由国家自然科学基金委员会和中国科学院学部联合资助的国家科学思想库——《中国学科发展战略·冰冻圈科学》出版发行，《中国冰冻圈全图》也在不久前交付出版印刷。此外，国家自然科学基金委 2017 年资助的重大项目"冰冻圈服务功能与区划"在冰冻圈人文研究方面也取得显著进展，顺利通过了中期评估。

一系列的工作说明，中国科学家经过深思熟虑和深入研究，在国际上率先建立了冰冻圈科学学科体系，中国在冰冻圈科学的理论、方法和体系化方面引领着这一新兴学科的发展。

围绕学科建设，2016 年我们正式启动了"冰冻圈科学丛书"（以下简称"丛书"）的编写。根据中国学者提出的冰冻圈科学学科体系，"丛书"包括《冰冻圈物理学》《冰冻圈化学》《冰冻圈地理学》《冰冻圈气候学》《冰冻圈水文学》《冰冻圈生态学》《冰冻圈微生物学》《冰冻圈气候环境记录》《第四纪冰冻圈》《冰冻圈工程学》《冰冻圈灾害学》《冰冻圈人文社会学》《冰冻圈遥感学》《行星冰冻圈学》《冰冻圈地缘政治学》分卷，共计 15 册。内容涉及冰冻圈自身的物理、化学过程和分布、类型、形成演化（地理、第四纪），冰冻圈多圈层相互作用（气候、水文、生态、环境），冰冻圈变化适应与可持续发展（工程、灾害、人文和地缘）等冰冻圈相关领域，以及冰冻圈科学重要的方法学——冰冻圈遥感学，而行星冰冻圈学则是更前沿、面向未来的相关知识。"丛书"内容涵盖面之广、涉及知识面之宽、学科领域之新，均无前例可循，从学科建设的角度来看，也是开拓性、创新性的知识领域，一定有不少不足，我们热切期待读者批评指正，以便修改、补充，不断深化和完善这一新兴学科。

这套"丛书"除具备学术特色，供相关专业人士阅读参考外，还兼顾普及冰冻圈科学知识的目的。冰冻圈在自然界独具特色，引人注目。山地冰川、南极冰盖、巨大的冰山和大片的海冰，吸引着爱好者的眼球。今天，全球变暖已是不争事实，冰冻圈在全球气候变化中的作用日渐突出，大众的参与无疑会促进科学的发展，迫切需要普及冰冻圈科学知识。希望"丛书"能起到"普及冰冻圈科学知识，提高全民科学素质"的作用。

"丛书"和各分册陆续付梓之际，冰冻圈科学学科建设从无到有、从基本概念到学科体系化建设、从初步认识到深刻理解，我作为策划者、领导者和作者，感慨万分！历时十三载，"十年磨一剑"的艰辛历历在目，如今瓜熟蒂落，喜悦之情油然而生。回忆过去共同奋斗的岁月，大家为学术问题热烈讨论、激烈辩论，为提高质量提出要求，严肃气氛中的幽默调侃，紧张工作中的科学精神，取得进展后的欢声笑语……，这一幕幕工作场景，充分体现了冰冻圈人的团结、智慧和能战斗、勇战斗、会战斗的精神风貌。我作为这支队伍里的一员，倍感自豪和骄傲！在此，对参与"丛书"编写的全体同事表示诚挚感谢，对取得的成果表示热烈祝贺！

在冰冻圈科学学科建设和系列书籍编写的过程中，得到许多科学家的鼓励、支持和指导。已故前辈施雅风院士勉励年轻学者大胆创新，砥砺前进；李吉均院士、程国栋院士鼓励大家大胆设想，小心求证，踏实前行；傅伯杰院士在多种场合给予指导和支持，并对冰冻圈服务提出了前瞻性的建议；陈骏院士和中国科学院地学部常委们鼓励尽快完善冰冻圈科学理论，用英文发表出去；张人禾院士建议在高校开设课程，普及冰冻圈科学知识，并从大气、海洋、海冰等多圈层相互作用方面提出建议；孙鸿烈院士作为我国老一辈科学家，目睹和见证了中国从冰川、冻土、积雪研究发展到冰冻圈科学的整个历程。中国科学院院长白春礼院士也对冰冻圈科学给予了肯定和支持，等等。在此表示衷心感谢。

"丛书"从《冰冻圈物理学》依次到《冰冻圈地缘政治学》，每册各有两位主编，分别是任贾文和盛煜、康世昌和黄杰、刘时银和吴通华、秦大河和罗勇、丁永建和张世强、王根绪和张光涛、陈拓和张威、姚檀栋和王宁练、周尚哲和赵井东、吴青柏和李志军、温家洪和王世金、效存德和王晓明、李新和车涛、胡永云和杨军以及秦大河和杜德斌。我要特别感谢所有参加编写的专家，他们年富力强，都承担着科研、教学或生产任务，负担重、时间紧，不求报酬和好处，圆满完成了研讨和编写任务，体现了高尚的价值取向和科学精神，难能可贵，值得称道！

"丛书"在编写过程中，得到诸多兄弟单位的大力支持，宁夏沙坡头沙漠生态系统国家野外科学观测研究站、复旦大学大气科学研究院、云南大学国际河流与生态安全研究院、海南大学生态与环境学院、中国科学院东北地理与农业生态研究所、延边大学地理与海洋科学学院、华东师范大学城市与区域科学学院、中山大学大气科学学院等为"丛书"编写提供会议协助。秘书处为"丛书"出版做了大量工作,在此对先后参加秘书处工作的王文华、徐新武、王世金、王生霞、马丽娟、李传金、窦挺峰、俞杰、周蓝月表示衷心的感谢!

中国科学院院士

冰冻圈科学国家重点实验室学术委员会主任

2019 年 10 月于北京

前　言

　　冰冻圈是地球的负温圈层，是地球上低温、营养贫瘠和液态水缺乏等极端的生境，生存着具有独特特征和适应性的微生物类群。冰冻圈微生物正在吸引着冰冻圈科学和微生物学工作者的兴趣。冰冻圈各要素中微生物的种类与分布、起源与演化、生理特征与适应机制、物种与基因资源，以及在生物环境相互作用和地球系统中的意义，都显示出独特的、重要的科学价值和实践意义。冰冻圈微生物的研究可以为地球生命演化和地外生命探索提供科学依据，冻土和冰芯微生物的古老性和时间序列特征，为揭示古气候与环境变化提供有价值的科学资料。当今，全球变化正在加剧冰川退缩和冻土消融，冰川中微生物的释放，冻土和冰川中微生物资源的抢救，已成为人类面临的新挑战。

　　冰冻圈科学研究领域的扩展和生命科学技术的进步，促生了一门新的交叉学科——冰冻圈微生物学（cryomicrobiology），其是研究冰冻圈各要素中微生物的种类与多样性、起源与演化、生长繁殖与适应机制、物种与基因资源，以及微生物与冰冻圈相依互馈关系及其在地球化学循环和气候变化中的意义等的学科。自 20 世纪初以来，经过 100 多年的积累，冰冻圈微生物学的研究体系已臻完善，科学意义逐渐突显，研究前景更加诱人。为了系统展示冰冻圈微生物学的学科体系、范畴和内容，拓展冰冻圈科学研究领域，在"冰冻圈科学丛书"中撰写了《冰冻圈微生物学》一书。

　　本书也是作者自 20 世纪 90 年代起，关注和研究冰冻圈微生物的工作积累和总结。特别是近 20 年来，立足于青藏高原冰冻圈，开展了微生物多样性与分布特征及其影响因素的研究，建立了相关微生物种质资源库，对特殊功能微生物开展了适应机制及其应用研究。当然，本书也是国内外学者研究工作和成果的系统整理和总结，特别是最新研究成果的展示，这保证了本书的系统性、全面性和先进性。

　　本书由 9 章内容组成。第 1 章为绪论，主要概括冰冻圈微生物学的定义、研究范畴与内容、发展趋势和研究意义等；第 2～6 章为分论，分别概述了冰川微生物、冻土微生物、冰川前缘裸露地微生物、冰下湖微生物、海冰与海底多年冻土微生物；第 7 章讨论了冰冻圈微生物的冷适应机制；第 8 章介绍了冰冻圈微生物在工农业、环境治理和医药卫生等领域中的应用及前景；第 9 章系统总结了冰冻圈微生物学的研究方法，重点概括了现代微生物学研究的方法。

　　本书的作者都是近年从事冰冻圈微生物学研究和教学的工作者，多数为青年工作者。第 1 章由李师翁撰写，第 2 章由章高森、陈拓撰写，第 3 章由胡维刚、陈拓撰写，第 4

章由伍修锟、陈拓撰写，第5章由王筠、陈拓撰写，第6章由刘文杰、王金成撰写，第7章由张威撰写，第8章由陈熙明、陈拓撰写，第9章由张昺林、陈拓撰写。全书由陈拓、张威修订与统稿。在撰写过程中，立足自己的教学和科研工作，力求全面、准确、完整地反映冰冻圈微生物学的全貌，但面对浩如烟海的文献资料，加之我们的能力、水平和时间所限，编辑成书后，难免存在不足和疏漏之处，殷切希望读者提出批评指正意见，将在今后的教学和研究工作中不断修正完善，力争使之成为一本好的教材和科研参考书。书中除我们自己的研究结果外，还引用了大量国内外相关文献，虽然这些引用的资料都标注了出处，但不能一一征得原作者的同意，在此谨向原作者致以衷心的感谢！

"冰冻圈科学丛书"秘书处王文华、徐新武、王世金、王生霞、马丽娟、李传金、窦挺峰、俞杰、周蓝月在本书研讨、会议组织、材料准备等方面进行了大量工作，在幕后做出了重要贡献。在本书即将付印之际，对他们的无私奉献表示衷心的感谢！

作　者

2021 年 7 月

目 录

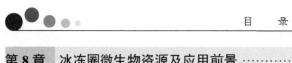

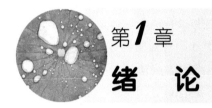

第1章

绪 论

冰冻圈微生物学是随着冰冻圈科学的发展和微生物学的发展而兴起的一门新兴的、交叉性学科，主要研究冰冻圈诸要素微生物过程和机理及其相互影响。本章对冰冻圈微生物学进行定义，阐述冰冻圈微生物学与冰冻圈科学的关系、学科研究概况与发展历程、主要内容、研究意义，以及未来发展趋势。

1.1 冰冻圈微生物学及其与冰冻圈科学的关系

冰冻圈（cryosphere）是指地球表层连续分布且具有一定厚度的负温圈层，它由以冻结状态存在的水体及其混合物组成，包括冰川（含冰盖和冰帽）、冻土（包括多年冻土、季节冻土、地下冰）、河冰、湖冰和雪，冰架、冰山、海冰和海底多年冻土，以及大气圈对流层和平流层内的冻结水体（秦大河和丁永建，2009）。现今，冰冻圈覆盖着约 1/5 的地球表面和近 55%的陆地表面，约 10%的陆地被冰和冰川覆盖；地球 9%～12%的陆地面积为多年冻土，而季节性冻土和季节性冰雪覆盖的总面积超过了 50%，北半球多年平均最大雪覆盖范围达到陆地表面的 49%；地球上 5%～7%的海洋为海冰和冰架所覆盖。这些冰冻圈储存了全球淡水资源的 75%，其中冰川和冰盖约占全球淡水资源的 70%（Thomas and Dieckmann，2002）。

冰冻圈科学是研究冰冻圈各要素的形成过程、机理、变化，与其他圈层相互作用，以及影响和适应的科学。冰冻圈科学是以冰冻圈分支学科（如冰川学、冻土学等）和各要素的形成和演化规律为基础，以与其他圈层相互作用为重点内容，以为社会经济可持续发展服务为目的的一门交叉性新兴科学（秦大河和丁永建，2009）。

微生物学是生物学的分支学科之一，是在分子、细胞或群体水平上研究细菌、古菌、真菌、病毒、立克次氏体、支原体、衣原体、螺旋体、原生动物及单细胞藻类的形态结构、生长繁殖、生理代谢、遗传变异、生态分布和分类进化等生命活动的基本规律，以及其在工业、农业、医药卫生和生物工程等领域中的应用的科学。

冰冻圈微生物学既是冰冻圈科学的分支学科，也是微生物学的分支学科，是冰冻圈科学与生命科学交叉融合而产生的一门新兴学科。冰冻圈微生物学是研究冰冻圈各要素中微生物的种类与多样性、起源与演化、生长繁殖与适应机制、物种与基因资源，以及微生物与冰冻圈相依互馈关系及其在地球化学循环和气候变化中的意义等的学科（李师翁等，2019）。随着对冰冻圈研究的不断深入，冰冻圈微生物的研究日益受到重视。冰冻圈所提供的冷环境是地球上嗜冷微生物（psychrophile）和耐冷微生物（psychrotrophs）及其基因资源的宝藏，是当今冰冻圈微生物学研究的重点和热点领域。

冰冻圈是地球上面积巨大并对地球系统具有重大影响的圈层。因此，冰冻圈也是地球表层独特而严酷的生境，意味着其中生存的微生物的独特性，构成了地球生物圈的独特景观。静态上，冰冻圈微生物的研究正在丰富和拓展着地球生命系统的信息。动态上，由于冰冻圈对全球变化的敏感性，不断变化着的冰冻圈必将对其中的生命系统和全球生物圈产生重大影响。冰冻圈微生物学正是在冰冻圈科学迅速发展的基础上发展起来的新兴学科，并渗透到冰冻圈科学的各个层面（图1.1）。冰冻圈微生物学的研究不仅要借助于微生物学的研究方法和手段，还要借助于冰冻圈科学的理论与方法，并为揭示和丰富冰冻圈科学和微生物学的基本问题及新的领域而服务。无疑，冰冻圈微生物学的兴起和发展必将担负起重要的学科使命。

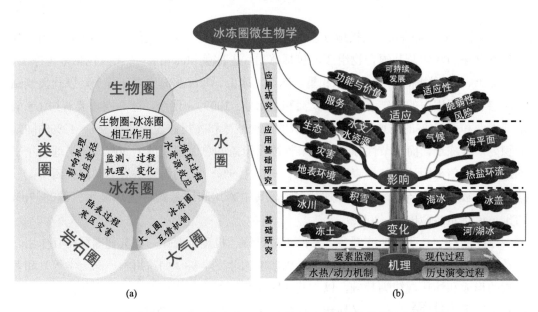

图1.1　冰冻圈科学研究范畴（a）和研究内容（b）及其与冰冻圈微生物学的关系（据 Qin et al., 2018）

1.2　冰冻圈微生物学的意义

冰冻圈微生物学的提出和兴起，标志着其具有特殊意义和肩负着科学使命。对其研究是对全新生境中生命体的探索，丰富和拓展了生命科学和冰冻圈科学的研究领域和范畴。

1.2.1　为天体生物学研究提供线索

冰冻圈的某些环境特征可能与地球生命起源早期的环境相似，冰冻圈微生物的研究有望为地球早期生命及其多样化的构建提供依据，而且，火星、木卫二、木卫三、木卫四及土卫三等星球上的低温和强辐射等环境类似于极地冰封世界，冰冻圈微生物的起源与进化的线索可以为地外生命的探索提供科学资料和依据。

1.2.2　为古气候环境和全球变化研究提供科学依据

冰川的年代层积特征使得在其中生存的微生物群落具有年代属性，其中蕴藏着与古环境、古气候相关的微生物信息，因此是研究古气候环境的直接依据之一。冰冻圈微生物群落的简单性、脆弱性和敏感性，使其成为全球环境和气候变化的指示器。冰冻圈内生物的和物理的（biotic-physical）过程相互作用，不断影响和改变着冰冻圈，冰川中分布的微生物及其产生的胞外聚合物和色素等，影响冰的融化和冰架表面的地貌学特征，改变或加速着冰冻圈的变化，进而对全球变化产生影响。

1.2.3　为拯救濒临消失的冰冻圈生态系统提供科学支撑

当今地球所面临的环境巨变正在加速冰冻圈的消失，对其中生存的微生物而言，冰冻圈的每种生境都有唯一性。全球环境和冰冻圈的变化使冰冻圈微生物的生存环境不断变化并濒临消失，而目前对这些独特生境中生存的微生物的研究还处在初始阶段，这些在低温环境下生存的独特微生物及其合成的色素和生物活性物质，可能具有重要的生物技术和生物医药应用价值。全球变暖也正在改变嗜冷微生物的生存环境，新的非冰冻圈特有的微生物类群会进入冰冻圈而改变原来的微生物群落将造成何种后果，目前还知之甚少。

1.2.4　为全面深入了解全球的生物地球化学循环提供理论依据

冰冻圈的巨大面积及其冷环境的属性使其生物系统在全球冷环境的生物地球化学循环中具有重要影响，特别是在冰冻圈碳和其他元素循环中起重要作用。全球变暖正在加速冰冻圈微生物源甲烷的释放，这种重要的温室气体将进一步加剧全球变化。

1.2.5 为揭示生命科学领域的重大问题提供研究模型和科学资料

冰冻圈独特环境中的生命体是地球生物圈的重要和独特的组成部分。冰冻圈微生物研究正在丰富着全球微生物的生物多样性,冰冻圈极端低温环境及在其中生存的微生物,为确定生命生存的极限条件提供研究模型。冰冻圈的多种极端环境条件可能与地球早期生命起源时期相似,在其中生存的极端微生物及其适应机制的研究资料,为揭示生命的极端环境适应性及研究地球早期的生命起源与演化提供了重要的科学信息。

1.2.6 为经济和社会发展提供新的资源和途径

冰冻圈微生物,特别是嗜冷微生物,是十分重要而独特的微生物资源,包括可培养微生物和宏基因组中蕴藏的基因序列。已从嗜冷微生物中开发出多种低温酶,并应用于生产实践中,已经和正取得重大经济社会效益。冰冻圈微生物是挖掘新抗生素的重要资源。极端环境的严酷性使得生存于其中的微生物通过独特的代谢途径适应环境,或产生抗性化合物,抑制或杀死其竞争者或捕食者,而求得生存。已经从以冰冻圈中获得的多种嗜冷微生物中分离到具有显著抗菌活性的化合物。从冻土中分离的细菌中也获得了有重要医用价值的抗生素、抗真菌剂、抗原生动物药物、抗病毒药物和驱虫药物。冰冻圈微生物也应用于低温下环境污染的修复、低温纳米材料的合成和生物能源生产等领域,显示出十分诱人的前景。

1.3 冰冻圈微生物学的范畴与研究内容

作为冰冻圈科学和微生物学交叉学科,冰冻圈微生物学的研究范畴和内容涵盖了微生物学的范畴和内容,又为冰冻圈科学服务,特别是在冰冻圈变化及其与微生物的相互影响方面,体现了学科交叉性,拓展了微生物学的研究领域与范畴。

1.3.1 冰冻圈微生物学的范畴

冰冻圈微生物学的范畴可概括为下列三个方面。

(1)冰冻圈组成要素中微生物种类、生存、生长、繁殖、演化等基本问题和规律;

(2)冰冻圈微生物与冰冻圈各要素相互作用的基本问题和规律,以及其所代表的环境气候学意义;

(3)冰冻圈微生物在社会经济发展中的应用,以及其对人类社会的影响。

1.3.2　冰冻圈微生物学的内容

冰冻圈微生物学的内容可概括为下列八个方面。

1) 冰冻圈微生物的多样性与微生物资源

运用可培养方法和高通量测序方法，研究冰冻圈各种生境中微生物的种类、丰度与多样性，冰冻圈相似的或不同生境中微生物多样性的异同，分离培养冰冻圈各生境中的可培养微生物，发现微生物新物种，筛选保存具有独特遗传性状的资源微生物。

2) 冰冻圈微生物的起源与演化

主要着眼于冰冻圈各生境中微生物的起源与演化，以及环境因素在微生物演化中的作用。宏基因组数据的比较和挖掘表明，环境胁迫增加了基因变异的速率，促进了基因水平转移，提高了微生物对胁迫条件的适应能力。因此，极端环境条件加快了微生物的进化。

3) 冰冻圈微生物生态与全球变化

冰冻圈微生物生态是冰冻圈微生物学研究最为广泛和深入的领域，重点是冰冻圈各生境中微生物群落结构，微生物的功能多样性和系统多样性，生态因子的异质性，以及微生物群落与生态因子的相互耦合关系，特别是微生物群落对全球变化的响应及其对全球变化的指示意义。冰冻圈微生物生态学为揭示环境因子和适应机制决定微生物群落结构这一生态学基本理论问题，提供了重要的科学线索。冰冻圈生存的大量的微生物对区域地球化学循环起重要作用。例如，格陵兰岛冰盖微生物能固定大气氮，在区域氮循环中起重要作用，并为格陵兰岛外围其他生物的定居提供了氮源（Armstrong et al., 2012）。

4) 冰冻圈微生物地理学

微生物生物地理学是在局部的、区域的和大陆环境尺度上研究微生物的空间分布格局的科学。扩散作用、物种形成和物种消失决定物种的生物地理分布。在冰冻圈，扩散作用是微生物地理分布格局形成的主要机制。微生物细胞通过有利的气候因子（风和风暴等）和传播载体（洋流、尘土、植物种子、鸟和昆虫等）扩散并沉降到不同的区域，在相对理想的生境中定殖并形成微生物群落。在这个过程中，冰冻圈环境因素（异质性）和微生物对不同条件的适应性决定了微生物地理格局。冰冻圈微生物地理分布谱的揭示有助于更好地理解全球微生物多样性形成，以及环境驱动和进化驱动在微生物多样性形成中的作用。

5) 冰冻圈微生物环境适应机制

冰冻圈多样性的极端环境中生存着各种各样的极端微生物，许多微生物是多嗜极微生物（polyextremophile），对这些极端微生物的研究不仅对于揭示生命的极限环境适应性具有重要的科学意义，而且这些极端微生物代谢物、蛋白质和酶等，更具有重大的应用价值。冰冻圈微生物多数为在极端低温下生存的种类，具有适应极端冷环境和多重极端环境的生理生化和遗传机制，为揭示微生物的极端环境适应机制，特别是嗜冷微生物的冷适应机制，提供了很好的模式微生物。例如，嗜冷微生物能产生低温酶、抗冻蛋白和胞外多聚物等应对低温伤害，通过增加细胞膜脂中不饱和脂肪酸，降低脂肪酸链的长度，保持膜在低温下的流动性。

6）冰冻圈微生物的释放及其影响

全球变暖正在导致冰冻圈微生物向下游环境释放。据估计，每年约有 $3.15×10^{21}$ 个细菌和古菌细胞从北极冰川冰中释放到下游环境中（Irvine-Fynn and Edwards, 2014），如果按照冰川中病毒与细菌的比例为 30∶1 计算，那么每年将有 10^{23} 个病毒从北极冰川释放到下游环境（Anesio et al., 2007）。在冻土长期稳定的低温环境下，病毒被保存下来。例如，迄今为止发现的四个史前巨型病毒，两个分离自西伯利亚多年冻土。全球变暖导致冻土融化，其中的病毒将复苏甚至扩散，潜在的病原微生物的释放将对环境和人类产生何种影响，是冰冻圈微生物学关注的又一重大问题（Legendre et al., 2014）。

7）冰冻圈微生物组学

宏基因组技术能够深度地展示环境样本中存在的所有的 DNA 序列信息。结合生物信息学分析方法，从宏基因组中可以提取微生物多样性和丰度信息，以及微生物功能基因及其多样性和丰度信息。运用基因挖掘技术能够找到特异的和新的基因。这些信息能够使我们更深入地解读微生物群落及其与环境之间的关系。微生物个体基因组、转录组和蛋白质组的研究有助于进一步理解冰冻圈微生物的遗传和功能特征。

8）冰冻圈微生物技术

生物技术与组学技术的结合与发展极大地促进了冰冻圈微生物技术的进步与应用，在低温酶、抗冻蛋白、冷环境污染修复、低温纳米材料和生物能源等领域，冰冻圈微生物技术展示出突出的优势和巨大的应用价值。

1.4　冰冻圈微生物学的研究概况

冰冻圈微生物学的历史可以追溯到 20 世纪初期，至今已开展了 100 多年的研究。冰冻圈微生物的研究伴随着人类对极地的探险和科学考察而开始。由于采样技术的限制，早期的研究始于极地雪样和冻土的采集及微生物分析。20 世纪 80 年代之后，极地和高山冰川微生物的研究开展起来。这一时期的研究工作，主要是对样品中的微生物进行显微观察计数和分离培养，确定微生物的丰度和可培养微生物种类及其代表的群落结构。在分离培养的基础上，开展微生物生理学研究，特别是围绕冷适应机制研究，取得了许多重要成果，一些成果已开发和应用。随着冰冻圈科学的发展和微生物学研究技术的进步，特别是以 DNA 测序技术为基础的组学与生物信息学的兴起，冰冻圈微生物学在研究区域和范围、研究内容和成果上都取得了重大突破，特别是在冰冻圈微生物多样性、嗜冷微生物冷适应机制、嗜冷微生物生物技术、冰芯微生物谱与古气候和全球变化等研究领域，正在吸引着全球冰冻圈和生命科学工作者的浓厚兴趣（李师翁等，2019）。

1.4.1 冰冻圈主要要素微生物的研究概况

雪是冰冻圈最大的组成部分，占地球陆地面积的 35%。季节性温度波动、好氧条件、强光照和 UV 辐射是雪的重要生态学特征。雪中生存的光合性微生物使雪呈现出不同的颜色，引起了科学家探索雪微生物的兴趣。南极雪微生物研究的开拓性工作始于 1911～1914 年进行的澳大利亚南极探险（Carpenter et al., 2000）。进入 21 世纪，科学工作者对极地雪和山地雪微生物进行了系统的研究，代表性的研究工作包括对日本立山（Tateyama）（Segawa et al.,2005）、奥地利阿尔卑斯山脉、挪威斯瓦尔巴（Svalbard）群岛、阿拉斯加瓜拉纳（Gulkana）以及青藏高原等地高山和冰川积雪开展的微生物丰度及多样性研究（李师翁等，2019; Liu et al., 2009; Tong et al., 2008）。

冰川环境是一种温度极低、静水压高、营养贫瘠、可用水缺乏、光照不足的环境。直到 1984 年，对极地冰川微生物的研究证明了冰川中也有微生物生存，之后的研究发现极地冰川微生物层可深达 3～4 km。冰川中的微生物直接来源于雪的沉积，间接来源于陆地尘土、海洋气溶胶和火山灰，因此，具有明显的年代序列层次。冰川微生物的丰度与年降雪量相关，在越冷的年份里，降雪的增多使冰川微生物细胞数增多。中国科学工作者从 20 世纪 90 年代开始对青藏高原冰川微生物进行了系统的研究，发现不同冰川中的微生物具有显著的差异（Zhang et al., 2009）。

海冰微生物的研究始于 20 世纪 90 年代末。鉴于海冰的季节性光照、寒冷和营养贫瘠的特性，长期以来被认为是没有生物生存的。1998 年在北极沃德亨特（Ward Hunt）冰架中首次发现了微生物群落，揭开了海冰微生物研究的序幕（Thomas and Dieckmann, 2002）。至今，已经在海冰中发现了病毒、细菌、蓝细菌、藻类、原生生物、扁形动物和小型甲壳动物等多样性丰富的生物类群，其中以硅藻生物量最大。

冰尘穴（cryoconite hole）是冰架和冰川上形成的独特的微生物生境。充足的光照，低电导率的冰川融水，相对较为丰富的有机质和微量元素等，为微生物生存提供了相对适宜的条件，造成冰尘穴微生物群落的独特性。近年来，极地和高山冰川冰尘穴微生物的研究受到了广泛关注，研究者对其开展了较深入和系统的研究工作，发现极地和高山冰尘穴中具有多样性丰富的微生物，包括蓝细菌、光合藻类、细菌、病毒、酵母、硅藻和后生动物等，多数种类的微生物能够适应冷环境并良好生长。

冰芯微生物的研究是在 21 世纪初进行的格陵兰岛的冰芯钻探项目 GISP1（Greenland Ice Sheet Project）和 GISP2 的基础上开始的。GISP2 钻取了深达 3042.80 m 的冰芯，其年代远至约 12 万年，直接计数法研究结果表明冰芯中具有较高浓度的细菌细胞（Miteva and Brenchley, 2005）。对冰川冰芯微生物的研究揭示了冰层年代的古气候数据与其中的微生物谱间的耦合关系，检测不同年代不同气候条件下沉积于冰层中的微生物谱，发现区域和全球气候变化影响冰层中微生物的来源、丰度和群落结构,而且冰层中微生物谱可以作为一种新的古气候的标志物。冰芯微生物的研究对于找寻古气候的特征及生命起源与演化的线索具有不可替代的价值,远古时期微生物的恢复培养及其生命特征的研究也是科学家期待的可能有重要科学和应用价值的研究。

多年冻土具有冰点以下的低温、贫瘠的营养、黑暗和强辐射等极端条件。然而,多年冻土中依然生存着多样性丰富的微生物,包括细菌、古菌、蓝细菌、绿色藻类、真菌和原生动物等。冻土微生物的研究始于 1910 年前后,苏联科学家对西伯利亚和远东冻土微生物进行了观察,1930~1940 年又开展了外贝加尔(Trans-Baikal)、乌拉尔(Ural)北部、雅库特(Yakutia)中部和北极群岛等地多年冻土中的微生物的培养研究(李师翁等, 2019)。1980~1990 年在西伯利亚东北部多年冻土微生物的研究中发现,其中细菌的生存年代达到约 10 万年(Gilichinsky and Wagener, 1995),甚至在 50 万年的多年冻土中也发现了细菌生存的证据(Johnson et al., 2007)。

这里将冰冻圈微生物研究的进展及概况简要总结在图 1.2 中。

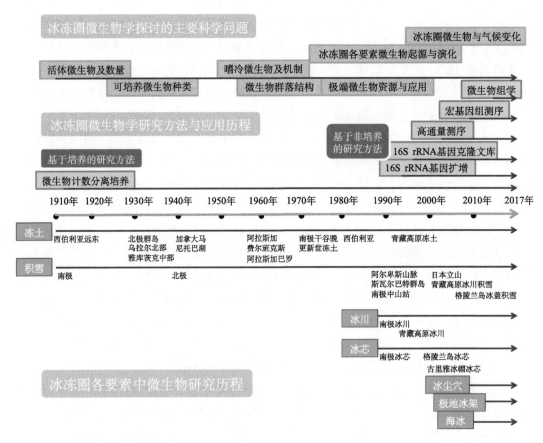

图 1.2 冰冻圈微生物研究的进展及概况

1.4.2　冰冻圈病毒的研究概况

冰冻圈病毒的研究工作开展较晚。2007 年在北极冰川冰尘穴中检测到丰富的病毒（Anesio et al., 2007），2012 年在南极海冰中检测到病毒，并且病毒具有季节性的动态变化（Paterson and Laybourn-Parry, 2012），2013 年在北极冰川表面检测到多样性很高的噬菌体（Bellas et al., 2015）。病毒通过造成宿主的死亡向环境释放生物物质，因而对冰冻圈生物地球化学循环有重要影响，而且通过导致不同宿主间 DNA 片段的转化加快了宿主细菌的进化。全球变暖可能导致极地冰川融水不断流入下游海洋，冰川中的病毒随之进入海洋，病毒在完全不同的宿主间的传播必然对宿主产生重大影响。在冰川和海洋两种完全不同的生物群系中，病毒的传递会产生何种影响，目前还未知。气候变暖使得全球范围内冻土区升温，其幅度是全球平均升温的两倍。正在融化的冻土将释放出其中的病毒。例如，2013 年和 2014 年，科学家相继在西伯利亚多年冻土层中发现了两个新的史前巨型病毒 *Pithovirus sibericum* 和 *Mollivirus sibericum*，这些病毒体积巨大，具有高度复杂的遗传结构，即便封存于冻土长达 3 万余年，仍能够恢复活性。冰冻圈病毒的研究尚处于起始阶段，其对环境和人类的影响期待着科学家去揭示（陈拓等, 2020）。

1.4.3　冰冻圈微生物组学与生物技术的研究概况

由于 DNA 测序和蛋白质组技术的发展与成熟，近年来，环境样品的宏基因组分析和微生物个体基因组分析为冰冻圈微生物学研究提供了全新的研究手段和技术平台。宏基因组学不仅能够全面揭示环境样本中生物 DNA 所蕴藏的生命信息，揭示其中微生物的系统发育、多样性和潜在的代谢功能，厌氧微生物和兼性好氧微生物代谢相关基因，以及环境适应相关的功能基因等，而且为重要基因的挖掘提供了信息。大量的微生物个体基因组和蛋白质组等组学数据已完成并存入公共数据库。其中嗜冷细菌基因组、比较基因组和功能基因组的研究，已经揭示许多系统学和冷适应机制的基因基础。一些嗜冷菌特异蛋白和酶的基因被成功克隆，研究人员也对其进行了异源表达研究。

冰冻圈微生物技术正在如火如荼发展，特别是冰冻圈嗜冷微生物技术及其产品已广泛应用于生产实际。例如，低温酶、生物多聚物、生物燃料、药品和芳香剂的生产，低温酶已用于洗涤剂添加剂、寒冷环境中油脂和去垢剂等污染物的生物修复，以及精细化工产品合成、脂肪酸生产、动物油酯化和纺织工业纤维脱蜡脱脂等。

1.4.4 冰冻圈微生物代谢活性的原位研究概况

应用 DNA 测序技术能够检测到环境样本中微生物相应 DNA 序列存在,但不能证明微生物是否具有代谢活动。近年来,对冻土中微生物代谢活性的研究主要在 0℃以上进行,而冰冻圈各要素生境条件多处于–10℃甚至更低的温度,在如此低的温度下是否有微生物的代谢活动发生,以及微生物是否能生长繁殖,需要依赖野外的原位研究来证明。2014 年的一项研究用同位素探针技术探测到–20~0℃阿拉斯加费尔班克斯(Fairbanks)0~10 m 冻土中细菌基因组的复制过程(Tuorto et al., 2014)。最新的一项研究运用一系列新方法,包括用于微生物培养的 cryo-iPlate、用于微生物活性检测的 BIOLOG 公司的 EcoPlate,以及基于微生物活性微量实验板(Microbial Activity Microassay Plate)和 cryo-iPlate 的培养物核酸检测与测序技术等,进行了加拿大高纬度北极多年冻土生命活动的野外原位测定(Goordial et al., 2017)。未来,一系列新技术将用于原位研究,包括稳定同位素技术、拉曼光谱技术、基于 R.A.P.I.D.和 RAZOR_EX 平台的核酸分析技术、MicroStation_ID System 生理活性检测技术、Lab-on-a-chip 技术和遥感技术等的应用与综合。原位研究技术和设备的研发与应用也将为天外生命的探索提供技术和设备支撑。

1.4.5 中国冰冻圈微生物学的研究简介

中国冰冻圈微生物的研究始于 20 世纪 90 年代。中国科学院寒区旱区环境与工程研究所、中国科学院青藏高原研究所和中国科学院微生物研究所等研究机构的程国栋、秦大河、姚檀栋和东秀珠等领导的研究团队,先后开展了冰冻圈微生物的研究,重点探索了青藏高原及其邻近区域冰川和冻土微生物的丰度和多样性,以及其对气候变化的响应与关系。在冻土微生物研究方面,先后开展了青藏高原珠穆朗玛峰、昆仑山哑口、北麓河盆地、三江源区、海北、西大滩、纳木错等区域多年冻土微生物计数、多样性和群落结构分析。在冰川微生物研究方面,先后进行了青藏高原和天山多条冰川(冰芯)微生物的探索,包括马兰冰川、普若岗日冰川、慕斯塔格冰川、冬克玛底冰川、古利亚冰川、马兰冰川、天山乌鲁木齐河源 1 号冰川(天山乌源 1 号冰川)等,初步揭示了气候环境变化与冰川和冰芯微生物间的相依互馈作用,以及微生物对气候变化的指示意义,并分离培养了多种耐冷和嗜冷微生物物种资源(李师翁等,2019)。

思 考 题

1. 冰冻圈微生物学的定义是什么?

2. 简述冰冻圈微生物学的主要研究内容。

3. 为什么要研究冰冻圈微生物?

参 考 文 献

陈拓, 张威, 刘光琇, 等. 2020. 冰冻圈微生物: 机遇与挑战. 中国科学院院刊, 35(4): 433-442.

李师翁, 陈拓, 张威, 等. 2019. 冰冻圈微生物学: 回顾与展望. 冰川冻土, 41(5): 1221-1234.

秦大河, 丁永建. 2009. 冰冻圈变化及其影响研究——现状、趋势及关键问题. 气候变化研究进展, 5(4): 187-195.

Anesio A M, Mindl B, Laybourn-Parry J, et al. 2007. Viral dynamics in cryoconite holes on a high Arctic glacier (Svalbard). Journal of Geophysical Research: Biogeosciences, 112 (G4): S31.

Armstrong A, Goldin T, Newton A, et al. 2012. Microbes on the edge. Nature Geoscience, 5(8): 520.

Bellas C M, Anesio A M, Barker G. 2015. Analysis of virus genomes from glacial environments reveals novel virus groups with unusual host interactions. Frontiers in Microbiology, 6: 656.

Carpenter E J, Lin S, Capone D G. 2000. Bacterial activity in South Pole snow. Applied and Environmental Microbiology, 66(10): 4514-4517.

Gilichinsky D, Wagener S. 1995. Microbial life in permafrost: A historical review. Permafrost and Periglacial Processes, 6(3): 243-250.

Goordial J, Altshuler I, Hindson K, et al. 2017. In situ field sequencing and life detection in remote (79°26′N) Canadian high Arctic permafrost ice wedge microbial communities. Frontiers in Microbiology, 8: 2594.

Irvine-Fynn T D, Edwards A. 2014. A frozen asset: The potential of flow cytometry in constraining the glacial biome. Cytometry Part A, 85: 3-7.

Johnson S S, Hebsgaard M B, Christensen T R, et al. 2007. Ancient bacteria show evidence of DNA repair. Proc Natl Acad Sci USA, 104(36): 14401-14405.

Legendre M, Bartoli J, Shmakova L, et al. 2014. Thirty-thousand year-old distant relative of giant icosahedral DNA viruses with a pandoravirus morphology. Proc Natl Acad Sci USA, 111(11): 4274-4279.

Liu Y Q, Yao T D, Jiao N Z, et al. 2009. Bacterial diversity in the snow over Tibetan Plateau Glaciers. Extremophiles, 13(3): 411-423.

Miteva V I, Brenchley J E. 2005. Detection and isolation of ultrasmall microorganisms from a 120000-year-old Greenland glacier ice core. Applied and Environmental Microbiology, 71(12): 7806-7818.

Paterson H, Laybourn-Parry J. 2012. Antarctic sea ice viral dynamics over an annual cycle. Polar Biology, 35(4): 491-497.

Qin D H, Ding Y J, Xiao C, et al. 2018. Cryospheric science: research framework and disciplinary system. National Science Review, 5(2): 225-268.

Segawa T, Miyamoto K, Ushida K, et al. 2005. Seasonal change in bacterial flora and biomass in mountain snow from the Tateyama Mountains, Japan, analyzed by 16S rRNA gene sequencing and real-time PCR. Applied and Environmental Microbiology, 71(1): 123-130.

Thomas D N, Dieckmann G S. 2002. Antarctic sea ice—a habitat for extremophiles. Science, 295(5555): 641-644.

Tong X M, Chen F, Yu J, et al. 2008. Phylogenetic identification and microbial diversity in snow of the summit (8201 m) of Cho Oyu Mountain, Tibet. Chinese Science Bulletin, 53(21): 1405-1413.

Tuorto S J, Darias P, McGuinness L R, et al. 2014. Bacterial genome replication at subzero temperatures in permafrost. The ISME Journal, 8(1): 139-149.

Zhang X J, Ma X J, Wang N L, et al. 2009. New subgroup of Bacteroidetes and diverse microorganisms in Tibetan Plateau glacial ice provide a biological record of environmental conditions. FEMS Microbiology Ecology, 67: 21-29.

第2章
冰川微生物

冰川在地球上广泛分布，占据地球陆地总面积约 11%，主要分布在南北极和高山地区。冰川中蕴含着各种各样的微生物，包括细菌、真菌、雪藻等。冰川微生物最早发现于 1775 年，但在之后的一个半世纪里只有少数相关报道；20 世纪 80 年代，随着冰冻圈科学的发展和生物技术的进步，冰川微生物的研究得到了长足发展，主要涉及多样性、资源及其与环境的关系，取得了大量的研究成果。

2.1　冰川微生物种类

从全球冰川中已经分离培养出各种各样的微生物种类，主要包括细菌、古菌、真菌、真核藻类和病毒等。

2.1.1　细菌

冰川中细菌种类众多，优势菌属归类于 5 个门，即变形菌门（Proteobacteria）、放线菌门（Actinobacteria）、拟杆菌门（Bacteroidetes）、厚壁菌门（Firmicutes）和蓝细菌门（Cyanobacteria）。

变形菌门均为革兰氏阴性细菌，大多数为异养型微生物，具有多种代谢类型，可分为 α-、β-、γ-、δ-和 ε-五纲。α-变形菌纲包括部分光合细菌、代谢一碳化合物的菌属、植物共生的菌属（如根瘤菌属）、节肢内共生的菌属（如沃尔巴克氏体 *Wolbachia*）和细胞内病原体（如立克次氏体 *Rickettsia*）；β-变形菌纲含有代谢策略迥异的种类，包括无机化能代谢的类群（如可以氧化氨的亚硝化单胞菌属 *Nitrosomonas*）和光能自养的类群（如红环菌属 *Rhodocyclus* 和红长命菌属 *Rubrivivax*）；γ-变形菌纲包括肠杆菌科（Enterobacteraceae）、弧菌科（Vibrionaceae）和假单胞菌科（Pseudomonadaceae）等。δ-变形菌纲包括好氧的、可形成子实体的黏细菌和严格厌氧的一些种类，如硫酸盐还原菌（脱硫弧菌属 *Desulfovibrio*、脱硫菌属 *Desulfobacter*、脱硫球菌属 *Desulfococcus*、脱硫线菌属 *Desulfonema* 等）和硫还原菌（如除硫单胞菌属 *Desulfuromonas*），以及具有其他生理特征的厌氧细菌，如还原三价铁的地杆菌属（*Geobacter*）以及共生的暗杆菌属（*Pelobacter*）、互营菌属（*Syntrophus*）。ε-变形菌纲多数是呈弯曲形或螺旋形的细菌，如沃林氏菌属（*Wolinella*）、螺杆菌属（*Helicobacter*）和弯曲菌属（*Campylobacter*）。在不同的冰川环境中，变形菌门的组成差异比较大，β-变形菌纲、γ-变形菌纲或 δ-变形菌纲都可能成为优势菌群，ε-变形菌纲则相对较少（Amota et al.，2007a）。

　　放线菌门（早期的文献中称为 HGC 类群）的细菌为高 G+C 含量的革兰氏阳性细菌，在冰川分布较为广泛，但在不同地区的冰川中种类明显不同。冰川环境中常见的放线菌主要有节杆菌属（*Arthrobacter*）、链霉菌属（*Streptomyces*）、诺卡氏菌属（*Nocardia*）、土壤霉菌属（*Agromyces*）、微球菌属（*Micrococcus*）、分枝杆菌属（*Mycobacterium*）、放线菌属（*Actinomyces*）、微单孢菌属（*Micromonospora*）和丙酸杆菌属（*Propionibacterium*）等。

　　拟杆菌门（早期文献中常被称为 CFB 菌群）的细菌也是冰川中常见的优势细菌，包括拟杆菌纲（Bacteroidia）、黄杆菌纲（Flavobacteria）和鞘脂杆菌纲（Sphingobacteriia）。黄杆菌纲在冰川环境中最常见，其中黄杆菌属（*Flavobacterium*）和金黄杆菌属（*Chryseobacterium*）等菌属中含有较多的可培养种类；鞘脂杆菌纲以噬胞菌属（*Cytophaga*）为重要类群。

　　厚壁菌门（早期的文献中称为 LGC 类群）细菌的细胞壁含肽聚糖量高，为 50%～80%，细胞壁厚 10～50nm，厚壁菌门这个词原本包括所有革兰氏阳性菌，但目前仅包括低 G+C 含量的革兰氏阳性菌。很多厚壁菌可以产生芽孢，它可以抵抗脱水和极端环境，也是一类在冰川环境中常见的细菌。

　　蓝细菌也称为蓝藻（blue algae）或蓝绿藻（blue-green algae），是一类光能自养型原核微生物。其个体相对较大，细胞直径通常为 3～10μm。其主要包括鱼腥蓝细菌（*Anabaena*）、席藻属（*Phormidium*）、鞘藻属（*Microcoleus*）、细鞘丝藻属（*Leptolyngbya*）等，其数量可达到原核微生物群落的一半以上，是冰川生态系统中的初级生产者。

　　冰川中还有酸杆菌门（Acidobacteria）、疣微菌门（Verrucomicrobia）、浮霉菌门（Planctomycetes）、异常球菌-栖热菌门（Deinococcus-Thermus）、绿弯菌门（Chloroflexi）、梭杆菌门（Fusobacteria）、螺旋体门（Spirochaetes）、柔膜菌门（Tenericutes）等细菌类群，也有一些尚未正式分类命名的细菌门，如 OP5 和 TM7 等。

2.1.2　古菌

　　冰川中的古菌含量通常远低于细菌，主要归属于广古菌门（Euryarchaeota）、奇古菌门（Thaumarchaeota）和泉古菌门（Crenarchaeota）等。

　　广古菌门是古菌的一大类群，在冰川中分离到的耐冷和嗜冷古菌（如 *Methanogenium frigidum*、*Methanococcoides burtonii*、*Methanococcoides alaskense*、*Methanogenium marinum*、*Methanosarcina baltica*、*Methanosarcina lacustris* 和 *Halorubrum lacusprofundi* 等）都属于这个菌门。

奇古菌门古菌在中温环境中广泛存在，并在碳氮元素的生物地球化学循环中发挥着重要作用。在许多冰川环境中都能检测到这类古菌，尤其是在冰尘穴中，奇古菌门中的古菌可以成为古菌群落的优势菌属。

泉古菌门是古菌的另一大类群，尽管这个门以包含多种超嗜热微生物闻名，但在冰雪这种冷环境中也常检测到泉古菌门古菌，特别是在海冰中占有相当比例。

2.1.3　真菌

在北极和南极冰川中分离到多种真菌。北极冰川真菌主要有枝孢属（*Cladosporium*）、*Sphaerospermum*、地霉属（*Geotrichum*）、茎点霉属（*Phoma*）、*Exophiala*、青霉属（*Penicillium*）、曲霉属（*Aspergills*）和 *Exophiala*；在南极冰川中真菌主要有青霉属、曲霉属、*Mucor*、*Alysidiums* 和 *Phialophora*。

冰川中的酵母菌多属于担子菌门（Basidiomycota），其中隐球酵母菌属（*Cryptococcus*）、红酵母属（*Rhodotorula*）、*Dioszegia*、*Rhodosporidium*、*Mrakia*、*Sporobolomyces*、念珠酵母菌属（*Candida*）、*Filobasidium*、*Leucosporidiell*、*Cystofilobasidium*、裂芽酵母属（*Schizoblastosporion*）、瓶形酵母属（*Pityrosporum*）等最为常见。全球冰川中隐球酵母菌属均为优势菌种。此外，在青藏高原希夏邦马峰达索普冰川中也检测到裂芽酵母属和瓶形酵母属；在南极东方站冰芯中检测到粘红酵母菌（*Rhodotorula glutinis*）；在格陵兰 GISP2 冰芯中发现深红酵母菌（*Rhodotorula rubra*）和念珠酵母菌。

2.1.4　真核藻类

在冰川上广泛分布的真核藻类常被称为雪藻（snow algae），在分类学上主要属于微藻（microalgae）和鞭毛藻（phytoflagellate）。*Cylindrocystis*、*Ancylonema* 和中带鼓藻属（*Mesotaenium*）是雪藻中的常见种类。在南美洲廷德尔（Tyndall）冰川分布有 *Mesotaenium berggrenii*、*Cylindrocystis brecbissonii*、*Ancylonema* sp.、新月藻（*Closterium* sp.）、拟衣藻（*Chloromonas* sp.）和一种未知藻类 6 种藻类。而 *Cylindrocystis*、*Ancylonema* 和中带鼓藻属（*Mesotaenium*）是巴塔哥尼亚、喜马拉雅和阿拉斯加地区的冰川中的主要类群。其中 *Mesotaenium berggrenii* 是冰川中的优势藻类。在阿拉斯加冰川中 *Ancylonema nordenskioldii* 和新月藻占很大比例。

不同冰川藻类和数量均存在明显差异。南极 Windmill 岛上雪藻的平均生物量为 10^5 cells/mL，巴塔哥尼亚冰川雪藻的平均生物量为 10^4 cells/mL，阿拉斯加和喜马拉雅冰川雪藻的平均生物量是巴塔哥尼亚冰川的 6～7 倍。雪藻的平均生物量与冰川中的养分相关：巴塔哥尼亚冰川中的养分较低，硝酸盐含量低于离子色谱的检测水平，有机质含量低。喜马拉雅冰川有机质含量高。*M. berggrenii* 在巴塔哥尼亚冰川大量出现，表明极低养分条件的冰川中蕴含着特殊的藻类类群。

2.1.5　病毒

细菌病毒、藻类病毒、植物病毒、流感病毒等在雪冰中都有发现（图 2.1）。在冰川中生存的原核微生物为病毒提供了宿主。病毒不仅影响着原核微生物群落的组成，而且通过裂解宿主细胞和降低原核生物群落的生长率，进一步影响着冰川中的物质循环。

病毒样颗粒物在冰川中均有发现，数量介于 10^4～10^9 个/mL。按 2001～2006 年中国年平均冰川融水径流量 $795 \times 10^9 \ m^3$ 估算，每年从冰川融水中可释放 10^{20}～10^{26} 个病毒样颗粒物。冰川病毒可能存在着动植物致病性，如在格陵兰冰川中检测到了能侵染番茄的嵌合烟草花叶病毒（tobacco mosaic virus），在西伯利亚的湖冰中检测到了甲型流感病毒。

在对冰川环境病毒的研究中，已经使用了多种现代生物学方法。用衣壳蛋白 g23 为标记研究了冰川中 T4 噬菌体的多样性，发现不同冰川中含有不同的 T4 噬菌体；利用透射电子显微镜与 SDS-PAGE 相结合的方法，分析和鉴定了冰川中长尾噬菌体科（Siphoviridae）和短足噬菌体科（Podoviridae）。通过噬菌体病毒高通量测序在格陵兰冰川和斯瓦尔巴德群岛冰川中发现了属于有尾噬菌体目（Caudovirales）的双链 DNA 病毒，主要为虹吸病毒科、肌病毒科和痘病毒科的噬菌体。

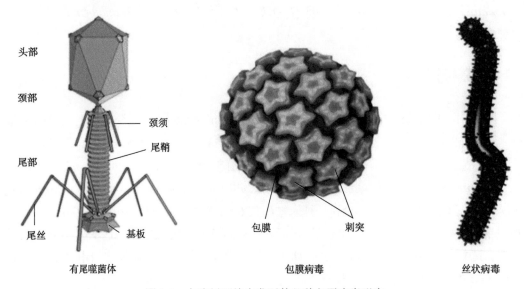

头部　　颈部　　颈须　　尾鞘　　尾部　　尾丝　　基板　　有尾噬菌体　　包膜　　刺突　　包膜病毒　　丝状病毒

图 2.1　在冰川环境中发现的几种主要病毒形态

2.2　冰川微生物多样性和分布特征

冰川微生物分布受到地域、气候和季节等因素的影响，此外，冰川上也存在着不同的小生境，影响着冰川微生物群落的组成（图 2.2）。

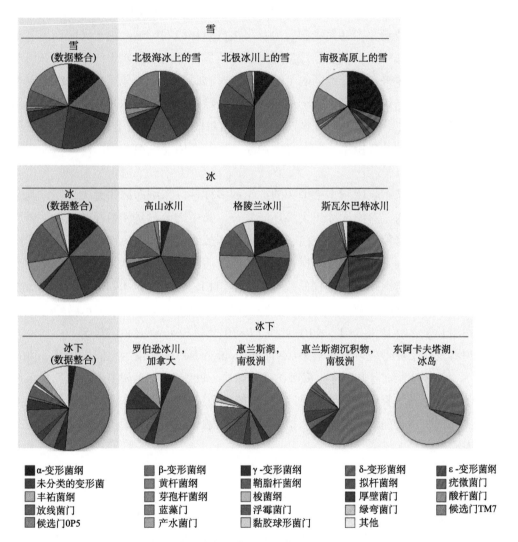

图 2.2　不同冰雪生境中微生物群落组成的差异（改自 Boetius et al.，2015）

2.2.1　冰川雪微生物

冰川雪微生物主要来自大气环流远途输送和局地环境输送。冰川雪中细菌数量介于 $10^2 \sim 10^5$ cells/mL，中纬度高山地区的细菌数量高于南北极，青藏高原北部冰川上细菌数量高于南部。扎当冰川雪细菌主要类群为拟杆菌门、变形菌门、放线菌门、蓝细菌门、酸杆菌门、绿弯菌门、异常球菌-栖热菌门、厚壁菌门、浮霉菌门和疣微菌门等，以厚壁菌门为优势类群。卓奥友冰川雪中主要类群为放线菌门、拟杆菌门、厚壁菌门和变形菌门，以放线菌门为优势类群。东天山冰川雪中细菌的主要类群为放线菌门、厚壁菌门和变形菌门，以 β-放线菌纲为优势类群。玉龙雪山冰川雪中细菌的主要类群为放线菌门、厚壁菌门和变形菌门，约52%的细菌归属于变形菌门（α-变形菌纲）。

　　冰川雪中细菌数量和多样性受到粉尘及周边自然环境的影响。由于青藏高原北部冰川相对靠近亚洲中部粉尘中心而且沙尘暴频繁，其雪中细菌数量高于南部冰川。温度较低的果曲冰川细菌多来自寒冷地区的土壤，而相对温暖的帕隆 4 号冰川雪中细菌则多来源于植物，东绒布冰川细菌多来源于海洋环境；青藏高原东绒布冰川在季风季节细菌数量相对较多，而果曲冰川在非季风季节细菌数量相对较多。奎屯河上游 51 号冰川雪不同深度的细菌多样性和数量也不同；在老虎沟冰川表层雪中蓝细菌分布广泛，但在深层雪中未检测到。

　　海拔和大气环流影响冰川雪中细菌的数量和多样性。东绒布冰川海拔较高，其细菌主要来源于远途输送，海螺沟冰川大气环流复杂，其中细菌数量和多样性较高。老虎沟冰川细菌主要为变形菌门、拟杆菌门、厚壁菌门和放线菌门，而海螺沟和东绒布冰川则只有三个类群，分别是变形菌门、拟杆菌门和放线菌门。

　　季节变化也影响冰川雪微生物的数量和群落结构。例如，日本 Tateyama 山消融季节细菌数量高于非消融季节，其中 *C. psychrophilum*、*J. lividum* 和 *V. paradoxus* 在消融季节分别增长了 2.0×10^5 倍、1.5×10^5 倍和 1.0×10^4 倍（Segawa et al., 2005）。

　　冰川雪表层常会形成以双星藻纲（Zygnematophyceae）的绿藻为主的生物膜（biofilm）（图 2.3）。这些细菌细胞中含有叶黄素、视紫黄质、叶绿素和 β-胡萝卜素原色素，使得冰川表面呈现不同的颜色。虽然对于冰川表面生物膜具体的生态作用尚不清楚，但生物膜的存在降低冰川表面太阳反射率，增强冰川表面融化速率，是近年来冰川物质平衡研究的热点问题。

　　冰川雪藻类的分布随海拔的变化而不同。在智利的巴塔哥尼亚冰川，海拔 370～940m 主要分布有 *M. berggrenii*、*Ancylonema* sp. 和 *Closterium* sp.；海拔 940～1300m 主要分布有 *Oscillatoriaceae cyanobacterium* 和 *Chloromonas* sp.；海拔 1500 m 出现一种新的藻类。在喜马拉雅 Yala 冰川海拔 5100～5200m 处有以雪藻 *Cylindrocystis brbissonii* 为主的 7 个种类，在海拔 5200～5300m 处有以雪藻 *Mesotaeniumbe rggrenii* 为主的 11 个种类，在海拔 5300～5430m 处有以雪藻 *Trochiscia* sp. 为主的 4 个种类。在尼泊尔东部 AX010 冰川雪中微生物类群的分布特征与 Yala 冰川相似。阿拉斯加 Gulkana 冰川海拔 1600m 以下以 *Ancylonema nordenskioldii* 类群为主；海拔 1600m 以上以 *Chlamydomonas nivalis* 为主。

图 2.3 格陵兰冰川表面以双星藻纲绿藻为主的生物膜（拍摄人：Sara Penrhyn-Jones）

2.2.2 冰川冰微生物

冰川冰中的微生物主要集中于矿物颗粒表面、冰晶交界处的液态脉络和冰晶内部（图 2.4）。

冰川微生物的数量在 $10^2 \sim 10^5$ cells/mL。青藏高原古里雅冰川可培养细菌数量为 7～180 CFU[①]/mL、珠穆朗玛峰东绒布冰芯中为 0～295 CFU/mL 和 0～1720 CFU/mL、普若

---

① CFU 是菌落形成单位

岗日冰芯中为 0～760 CFU/mL、南极顶点为 0 CFU/mL、格陵兰的 Dye2 样点为小于 1 CFU/mL、秘鲁 Sajama 为 0～17 CFU/mL，南极 Dyer Plateau 为 0 CFU/mL，南极 Siple Station 为 2 CFU/mL，南极 Taylor Dome 为 10 CFU/mL（Margesin and Miteva，2011；Knowlton et al.，2013）。青藏高原冰川中可培养微生物的数量高于南极、北极格陵兰和秘鲁冰芯，这可能是因为青藏高原更接近人类的活动中心和土壤粉尘来源地。

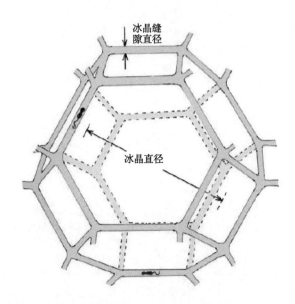

图 2.4　冰芯冰晶结构及微生物的分布（改自 Price，2000）

　　不同冰川中的细菌类群相似，主要为变形菌门、放线菌门、厚壁菌门和拟杆菌门，并多为产色素菌。这类色素能提高细菌细胞膜在低温下的稳定性，也有助于细菌抵挡紫外线的伤害。

　　冰川微生物主要来源于外界环境，主要是粉尘气溶胶沉降到冰川表面。因此微生物总数常与粉尘含量正相关。例如，在格陵兰冰芯中检测到的番茄花叶病毒与其上空气溶胶为相同类型。慕士塔格冰芯中细菌的 16S rRNA 基因与从其他如极地冰川、海冰、湖水和海洋等冷环境中分离出的相似。

　　南北极冰川中微生物以 α-变形菌纲、γ-变形菌纲及拟杆菌门为主。青藏高原马兰冰芯可培养细菌主要为变形菌门、拟杆菌门、厚壁菌门、放线菌门，全部为杆菌，以革兰氏阳性菌居多；珠穆朗玛峰东绒布冰川冰芯中可培养细菌可以归为放线菌门、厚壁菌门、α-变形菌纲和 γ-变形菌纲四个类群，其中厚壁菌门占 74%，为最优势类群，其余三个类群所占比例分别为 17%、7% 和 2%；而慕士塔格冰芯可培养细菌包括变形菌门、厚壁菌门、放线菌门和拟杆菌门四类，放线菌门是优势类群，以假单胞菌、黄杆菌、紫色杆菌为优势菌群。

　　微生物数量存在区域差异与不同地区冰川微生物的来源不同紧密相关（表 2.1）。青藏高原的马兰冰芯微生物细胞浓度为 50～410 cells/mL，其微生物主要来源于气溶胶，南极东方湖冰芯中微生物细胞浓度为 10^2～10^4 cells/mL，比马兰冰芯高出 1～2 个数量级，其微生物主要来源于湖水。总体来看，湖水中的微生物生物量比气溶胶中的高，因此冰芯微生物浓度存在区域差异，这也可以反向证明冰芯钻取点的气候和环境的差异。同一区域的冰川由于地形等因素的不同也会存在微生物的分布差异。例如，青藏高原南北部受到类似的环境因素，如尘埃、湿度和季风环流等的影响，可培养细菌、主要粒子和微粒浓度在分布上存在一定共性。但是高原北部的细菌、主要粒子和微粒浓度却比南部的高。归结其原因，青藏高原北部主要受西风带影响，冰川物质来源于亚洲干旱半干旱地区的大陆性粉尘；而青藏高原南部主要受海洋性气团的影响，远离尘埃。冰芯中尘埃的含量是输入期内微生物浓度的决定性因素，因此导致了南北部细菌浓度差异。

表 2.1 不同冰芯中的微生物数量和细菌优势类群

冰芯名称	地理位置	微生物数量 /（cells/mL）	优势菌群归属
东方湖冰芯	南极	$1.3×10^2$～$3.6×10^4$	变形菌门、放线菌门
东方湖积冰	南极	$2×10^2$～$3×10^2$	变形菌门、放线菌门、厚壁菌门
西南极洲大冰原分界线	南极	$1×10^5$～$2.9×10^5$	变形菌门、放线菌门
格陵兰冰川	格陵兰	$6×10^7$	变形菌门、放线菌门、厚壁菌门、拟杆菌门
古里雅冰川	青藏高原	$6.6×10^2$～$2.59×10^3$	变形菌门、放线菌门、厚壁菌门
慕士塔格冰川	青藏高原	$6.6×10^2$～$8.7×10^5$	变形菌门、放线菌门、厚壁菌门
敦德冰芯	青藏高原	$1.3×10^5$～$1.9×10^6$	变形菌门、放线菌门、拟杆菌门
普若岗日冰芯	青藏高原	$2.5×10^4$～$2.6×10^5$	放线菌门、厚壁菌门
马兰冰芯	青藏高原	$5×10$～$4.1×10^2$	变形菌门、放线菌门、厚壁菌门、拟杆菌门
各拉丹东冰川	青藏高原	$6×10^3$～$9.6×10^4$	放线菌门、拟杆菌门
宁金岗桑冰川	青藏高原	$7.6×10^3$～$3.2×10^4$	放线菌门、拟杆菌门
作求普冰川	青藏高原	10^3～10^4	变形菌门、拟杆菌门
奎屯河 51 号冰川	天山	$6.4×10^2$～$2.5×10^5$	变形菌门、拟杆菌门、放线菌门、厚壁菌门

冰川冰中其他菌属的类群和数量分布同样具有区域性差异。在青藏高原马兰冰芯和玻利维亚 Sajama 冰芯以及南极东方湖冰芯中分离到了放线菌、诺卡氏菌、链霉菌。诺卡氏菌属在马兰和 Sajama 两个冰芯中都有分布，链霉菌属存在于马兰冰芯和东方湖冰芯中。在格陵兰 GISP2 发现和分离到的真菌有枝孢菌（*Cladosporium*）、*Sphaerospermum*、地霉（*Geotrichum*）、*Phoma*、青霉（*Penicillium*）、曲霉（*Aspergillus*）和外瓶霉（*Exophiala*），在南极东方湖冰川发现的真菌青霉、曲霉、*Mucor*、*Alysidium* 和 *Phialophora* 当中，青霉和曲霉为在两个冰川中共同存在的真菌。在南极东方湖冰芯中检测到的酵母菌有隐球菌（*Cryptococcus*）和胶红红酵母（*Rhodotorula glutinis*），在格陵兰 GISP2 冰芯中发现的酵母菌有隐球菌、深红红酵母（*Rhodotorula rubra*）和念珠菌（*Candida* sp.），在青藏高原

喜马拉雅山希夏邦马峰达索普冰川中检测到裂芽酵母属（*Schizoblastosporion*）和瓶形酵母属（*Pityrosporum*），也有相同和不同的真菌存在。

　　影响冰川冰中微生物分布的最重要因子就是气候。冰川上其他高等动物的分布、光、物质生产量受气候影响，同时也决定着冰川表面微生物的代谢活动强度和繁殖速率。气溶胶中存在的微生物随着大气循环，被风从较远距离带到冰川上，并沉降到冰川上。所以微生物进入冰川中的重要媒介是风和降水。同时风也带来了尘埃并提供了适合浅冰层中微生物生长的生境，并支持微生物在冰川中生长。冰川内物质的改变也直接影响了冰川内细胞的活性。风向和风力的不同使区域内冰川微生物菌群产生区域特征，导致携带来的微生物生物量或者冰川微生物接种量的差异。另外，冰川局部气候同样影响冰川表面温度，温度越高，微生物生长越快，高温时期的长短也决定了微生物生长周期的长短，冰川表面温度越高的微生物生物量越大。因此，温度对冰川微生物生长和繁殖有重要影响。

　　微生物的分布差异和冰川上不同海拔的雪冰表面分布有关。许多研究结果表明，不同冰川上的藻类主要是由几种衣藻组成的，形成唯一的菌群结构分布特征。在南美洲南部智利巴塔哥尼亚冰原南部，Tyndall 冰川在不同海拔分布着不同的藻类。喜马拉雅山中段南坡 Yala 冰川的雪衣藻群落在 3 个海拔也呈现分布差异。阿拉斯加 Gulkanna 冰川在稳定的冰区（1600 m a.s.l.以下），群落结构以 *Ancylnemanorden skioldii* 为优势类群，在雪环境区（1600 m a.s.l. 以上），优势类群为 *Chlamydomonas nivalis*。海拔越高，微生物群落种类也越少。根据优势雪藻类群还可以反演出冰线雪线的划分。由于冰川表面冰或雪区的融水、辐射强度和营养条件不同，因此不同的冰或雪环境中会形成不同的优势菌群。典型的冰川冰区优势雪衣藻有 *Cylindrocystisbrec bissonii*、*Ancylonema* sp.、*Ancylonema nordenskioldii* 或 *Closterium* sp.，而 *Mesotaenium berggrenii*、*Oscilatoriacean* 或 *Chlamydomonas* 则常出现在冰雪过渡区。

　　海拔对冰川冰中微生物生物量的分布也有影响。海拔的差异导致冰川降雪消融区（冰区）和积累区以及雪冰生态条件的巨大变化，形成了冰川上不同的雪藻生物量和类群差异。例如，喜马拉雅山中段北坡达索普冰川海拔 6400m 处 0～88cm 雪层中的有机质总量以及代表细菌和藻类等生物源的十七碳烷烃估算值分别为 24.27μg/L 和 5.62μg/L，而海拔 7000m 处 0～240cm 的雪层中有机质总量平均值为 45.4μg/L，代表细菌和藻类等生物源的十七碳烷烃含量由相应信号密度得出的估算值为 7.51μg/L，微生物生物量在海拔较高的地方就越高，其原因归结于有机质的源区位置和风传输过程中的降雪净化效应。季风环流和西风环流带来的源于微生物的有机质经过希夏邦马峰达索普冰川南面时，首先到达位于风口海拔 7000m 处，然后才向希夏邦马峰北坡的海拔 6400m 处运输。从海拔 7000m 到 6400m 运输途中必然会有一部分源于微生物的有机质随降雪而沉积下来，因此气团到达海拔 6400m 时所携带的源于微生物的有机质含量降低。然而，在喜马拉雅山中段的南坡 Yala 冰川、AX010 冰川（4950～5380m a.s.l，尼泊尔东部 Shorong 区）以及巴塔哥尼亚冰川，雪衣藻类群和生物总量随着海拔升高而迅速减少，这与达索普冰川的情况正好相反。其原因是在 Yala 冰川、巴塔哥尼亚冰川和 AX010 冰川的高海拔区域，较厚的沉雪产生反光作用，促使光密度减小，导致生物量比较低。而在海拔较低的消融区，冰上的降雪覆盖少，雪藻可以得到足够的光照，能进行较长时间的光合作用和大量繁殖。这说明雪衣藻类群和生物总量分布主要取决于冰川光密度和融水以及生物聚集体等生态因素。

2.2.3　冰尘穴微生物

冰尘穴是冰川雪层中的一个垂直圆柱形溶解洞，其底部覆盖有一层薄的深色有机质并充满了液态水。这是由于粉尘颗粒比周围冰晶吸收更多的太阳辐射，而在冰川表层逐渐形成的。冰尘穴通常有 3 种类型，包括封闭型、开放型和融合型（图 2.5）。冰尘穴在极地和非极地的冰川表层均有分布，大部分都是与大气环境相融通、开放的体系。而在南极干谷冰川中，冰尘穴被一个 30cm 厚的冰帽盖住，它独立于周围环境，形成一个封闭的小生境。冰尘穴中分布有异养细菌、真菌、蓝细菌、绿藻、硅藻、轮虫、熊虫、线虫和病毒等微生物类群，其中藻类利用无机物进行光合作用为其他异养型生物提供初级营养。对于微生物适应冷环境及菌群分布来说，冰尘穴是冰川中一个重要的生态系统模型（Telling et al., 2014）。

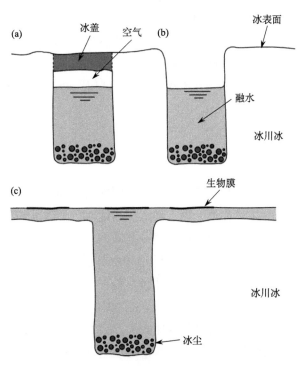

图 2.5　冰尘穴的三种类型（改自 Hodson et al., 2008）

（a）封闭型；（b）开放型；（c）融合型

　　格陵兰 Qaanaaq 冰川表面冰尘穴中细菌的优势菌群为酸杆菌门、蓝细菌门、变形菌门、放线菌门、拟杆菌门、绿弯菌门、装甲菌门（Armatimonadetes）。光合微生物包括 *Ancylonema nordenskioldii*、*Mesotaenium berggrenii*、*Chloromonas* sp.、*Cylindrocystis brebissonii* 等 6 类绿藻和颤藻属（*Oscillatoria*）的蓝细菌。其中 *A. noldenskioldii* 占 44%～83%，*M. berggrenii* 占 1%～36%（Delort et al., 2010）。

　　北极斯瓦尔巴特群岛冰尘穴中的细菌以变形菌门、酸杆菌门、放线菌门和蓝细菌门为主，也有拟杆菌门、厚壁菌门和 TM7 等（Delort et al., 2010）。阿尔卑斯山冰尘穴以变形菌门、拟杆菌门和蓝细菌门为主，也检测到来自放线菌门、厚壁菌门、酸杆菌门等类群的细菌。南极冰尘穴中的细菌群落以变形菌门和拟杆菌门为主，也发现了蓝细菌的存在。天山乌鲁木齐河源 1 号冰川表面冰尘穴中主要为变形菌门、拟杆菌门、放线菌门，其中变形菌门数量最多，极地单胞菌属（*Polaromonas*）是冰川表面冰尘中丰度最高的属之一。拟杆菌门是第二大类细菌，黄杆菌属为优势属；在冰尘穴中还检测到少量属于蓝细菌、绿弯菌门、浮霉菌门的细菌。其中蓝细菌主要隶属于颤藻目（Oscillatoriales）和色球藻目（Chroococcales）。颤藻目包括席藻属（*Phormidium*）、微鞘藻属（*Microcoleus*）、伪鱼腥藻属（*Pseudanabaena*）和颤藻属（*Oscillatoria*）4 个属，其中席藻属占绝对优势。对于色球藻目检测到一个菌株，与亚球形管孢蓝细菌（*Chamaesiphon subglobosus*）亲缘关系很近。真菌主要有子囊菌门（Ascomycota）、担子菌门（Basidiomycota）、壶菌门（Chytridiomycota）、Monoblepharidomycota 和绿藻门（Chlorophyta），其中子囊菌门和担子菌门是优势菌。白冬孢酵母属（*Leucosporidium*）、*Tetracladium*、根生壶菌属（*Rhizophydium*）、红酵母属（*Rhodotorula*）真菌在冰川表面冰尘穴中丰度较高，而拟青霉属（*Simplicillium*）、曲霉菌属（*Aspergillus*）、茎点霉属（*Phoma*）、枝孢菌属（*Cladosporium*）真菌在底部沉积层中丰度较高。

2.2.4　冰川上空微生物

　　微生物在大气层中普遍存在，不仅在接近地面的尘土和气溶胶中有大量微生物，而且在云层的水滴和冰晶中存在着微生物，甚至在高达 41～77 km 的平流层和中间层还存活着可培养微生物（Sattler et al., 2001）。通过全球大气环流模型估算，每年通过大气进行运输和传播的细菌多达 4 万～180 万 t。陆地和水环境中的微生物通过灰尘、花粉、孢子、气泡等方式进入大气层中并传播，因此微生物在大气层中的分布受到区域、季节、气候、大气成分等众多因素的影响（Delort et al., 2010; Fröhlich-Nowoisky et al., 2016）。

　　不同高度大气层中的微生物数量差异比较大，以真菌孢子为例：在离地 1.5m 的高度时，有些地区每立方米空气中真菌孢子数量可以达到 $3×10^4$～$2×10^6$ 个，在高度大于 3000m 的空气样品中，每立方米空气中能检测到的真菌孢子数量一般为 3 个左右。

　　大气层中的微生物分布受地域的影响也比较大，例如，在阿拉斯加和南极上空的水汽中，细菌数量水平为 10^2cells/mL，而热带和温带地区上空水汽中的细菌数量在 $10^3 \sim$ 10^5cells/mL。近地初级生物气溶胶（near-surface primary biological aerosol）不同模型研究结果也显示，细菌和真菌数量的年平均值也存在明显的区域差异，总体来说，纬度较低的大陆区域，尤其是较干燥的大陆上空微生物数量较多，而高纬度地区以及海洋上空微生物数量较少。

季节也是重要的影响因素。在降水中检测到的细菌总数量在 4～9 月最高，约为 10^5 cells/mL，其他月份的降水中，细菌总数量则在 $10^3 \sim 10^4$ cells/mL。在法国多姆山（Puy de Dôme）山顶观测站收集到的云样中，微生物数量相对稳定一些，基于荧光染色技术所得细菌总数为 10^5 cells/mL 左右，数量在夏季最低；而真菌总数在 10^4 cells/mL 左右，数量在夏季最高；但基于可培养方法的微生物数量则都是在夏季最高（图 2.6）。

微生物所处的环境也对微生物数量有明显的影响，在上述法国多姆山山顶的观测结果显示，云中水滴的 pH 总体偏酸性，微生物的数量与 pH 呈正相关关系（图 2.7）。此外，其他地区的观测数据也显示，云中水滴的细菌总数通常在 $10^4 \sim 10^5$ cells/mL，而在降雨中细菌的数量通常在 $10^3 \sim 10^4$ cells/mL（Joly et al., 2013）。

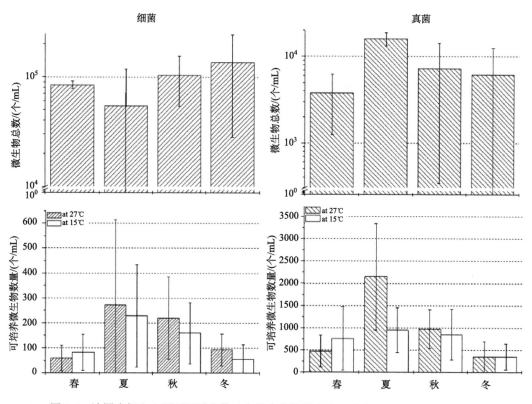

图 2.6　法国多姆山山顶不同季节的云中微生物数量变化（改自 Amota et al., 2007b）

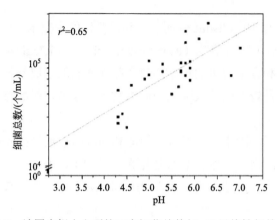

图 2.7　法国多姆山山顶的云中细菌总数与 pH 呈线性相关关系

同一地区大气中的微生物与冰川上的微生物在物种组成上有很大的相似性,在南极,同时在大气和冰雪中常见的细菌种类包括葡萄球菌、芽孢杆菌、棒状杆菌、微球菌、链球菌、奈瑟菌和假单胞菌,常见的真菌包括青霉、曲霉、枝孢、交链孢、短梗霉、孢霉、地霉、葡萄球菌、拟青霉和根霉。

2.3　冰川微生物的研究意义

2.3.1　冰川微生物的气候环境指示意义

随着大气环流,地球表面上的微生物随着每年的降雪不断地沉积在冰川表面,在冰冻和融雪过程中进入冰隙和深冰川—冰芯的气泡中,并在冰川中形成明显的生物层。由于藻类、细菌和病毒等微生物按照时间顺序被保存于冰芯中,因此冰芯中记载了不同沉积时期大气向冰川输送的微生物菌群的数量和群落结构变化的特征。冰川保存微生物的时间跨度可达几千年甚至几十万年,被认为是微生物的自然储存库。对冰芯中微生物数量及种群特征的研究可以帮助揭示冰川形成和发育过程中气候和生态环境的变化情况,冰芯中微生物数量的变化与气候冷期、暖期的更替和不同时期冰川粉尘输入量有关,可以作为重建过去气候变化的新指标。

1. 冰川微生物与粉尘浓度相关性

大量关于冰川雪冰微生物与气候的研究集中于微生物浓度与微粒浓度的相关性上。在南极东方湖冰芯、青藏高原的古里雅冰芯、慕士塔格冰芯、马兰冰芯和普若岗日冰芯中,微生物的浓度变化趋势与微粒含量的变化趋势基本一致,两者呈正相关关系。在安第斯山 Sajama 冰芯和青藏高原马兰冰芯中,微生物的浓度变化并不随着冰芯深度的增加而直线性降低,说明冰芯微生物浓度与其年龄并无直接的相关性。据此推测,冰芯中的微生物可能是与尘埃一起被带到冰芯中的。荧光显微镜观察发现，大量细菌与粉尘颗粒紧密相连，有些附着于颗粒表面，有些则包埋于其中，进一步证实了上述推测。尘埃不仅可以将微生物带入冰川，而且其浓度在某种程度上不仅决定了最初进入冰川中的微生物的浓度，还影响着其生理状态。尘埃可以吸收太阳辐射，在冰芯中形成小的水汽泡，从而使冰芯中的微生物保持活性。然而，在一些来自深度更大的冰芯样品中，微生物含量较高，但是微粒含量却比较低，表明大气向冰川的生物输送与粉尘的搬运并不是一一对应的。

在慕士塔格冰芯中，细菌生物量与微粒数量的相关性很低。因此，除了粉尘之外，还有其他因素影响着冰川微生物的含量，如微生物沉降时冰川表面的辐射强度和冰川上空的风速，以及冰川融水的光照强度等。马兰冰芯微生物浓度变化趋势在一定程度上与温度成反比，与微粒浓度呈正比。冷期风的频繁度和强度增大，就会带来更多、更大的尘埃颗粒。暖期沙尘暴的频繁度和强度相应降低，因此将尘埃颗粒输送到冰川的机会更少。

安第斯山的 Sajama 冰芯在约 12000 年前湿而冷的气候条件下微生物浓度较高，而在现代暖而干的气候条件下微生物浓度较低。在湿润的气候条件下，植物的繁殖能力增强，从而使植被的覆盖面积增大，这样就使得类似花粉的能够在空气中飘动的物质，传输更多的微生物，而不是更多的尘埃。

普若岗日冰芯的细菌种类多样性与 Ca^{2+} 浓度之间表现出正相关关系。由于 Ca^{2+} 浓度是青藏高原冰芯粉尘含量很好的替代指标，说明普若岗日冰芯中的粉尘含量是决定细菌多样性的主要因素。

2. 冰川微生物与历史温度相关性

冰川微生物与历史温度密切相关，冰芯 $\delta^{18}O$ 记录是区域气温变化的良好代用指标。马兰冰芯记录的两个寒冷期（$\delta^{18}O$ 平均值分别为-1.5%和-1.62%）均出现于微生物的高密度时期（密度平均值分别为 223 cells/mL 和 228 cells/mL），而在两个暖期（$\delta^{18}O$ 平均值分别为-1.3%和-1.25%）表现出低密度（密度平均值分别为 143cells/mL 和 98cells/mL）。这种微生物群落密度和环境温度随时间变化的反相关关系与尘埃事件冷期强和暖期弱的规律一致。对可培养细菌垂直梯度变化特征的研究发现，厚壁菌门、放线菌门和γ-变形菌在冰层所对应的两个冷期，而α-变形菌、β-变形菌和异常球菌-栖热菌门则多在暖期和粉尘浓度高的冰层出现。

除年际变化外，季风季节微生物多样性高于非季风季节且来源比非季风季节广泛，东绒布冰芯中可培养细菌的数量和多样性在季风前、中、后和冬季不同大气环流的影响下具有不同的特征：季风前可培养细菌数量最多，这是由春季频繁的沙尘暴导致的；季风中可培养细菌多样性最高，因为这个时期的细菌可能同时来自海洋和大陆，非季风时期的细菌则很可能只由西风带来。

对于俄罗斯阿尔泰山的 Sofiyskiy 冰川的一支 25.01m 的冰芯，利用雪藻和松科花粉的数量峰值标志夏季层，几乎没有雪藻的代表冬季层，将该冰芯划分为 16 个年层（1985～

2001 年），从而估算出每年的平均物质平衡约为 1.01m w.e[①]。该值与花秆测量的结果一致，说明雪藻和花粉在该地区能够作为年层划分的可靠的依据。

对于中纬度地区的冰芯研究工作来说，运用 $\delta^{18}O$ 和化学浓度进行季节变化和冰芯定年的研究比较困难，因为稳定同位素和化学离子的最初状况会被严重的冰川层融水浸透作用所扰乱。而在温性冰川，生物活动会由于冰川融化而增多，因此冰芯保存的微生物可以作为冰芯定年可靠的标记，并且能够为过去环境条件提供重要的信号。世界各地不同的研究团队应用不同培养方法从不同地理区域的冰芯样品中恢复出不同的细菌群落。然而，它们的优势类群却非常相似。在采用相同的取样和分析方法的前提下，对 6 个处于不同冰龄和地理区域的冰川的细菌多样性进行比较研究，得到如下结果：①低纬度高海拔冰芯中恢复的细菌浓度明显高于极地冰芯中的，这可能是由于前者比后者接近陆地生物源区；②所恢复出的细菌数量与冰芯的冰龄无关，呈层状沉积；③在恢复出的细菌菌株中，有芽孢或无芽孢的革兰氏阳性菌比变形菌和拟杆菌多；④从冰川冰芯中恢复出的细菌曾经在其他冷环境中也被分离到了，这说明它们在极端低温环境中有共同的生存对策。

3. 冰川微生物色素与物质平衡

冰川微生物的活动状况也会对冰川产生作用，如冰川可以被含色素的藻类和细菌斑所覆盖，从而使冰川表面的反照率发生变化。例如，在喜马拉雅冰川表面，与对照区相比，雪藻富积的区域雪冰表面的融化率快两倍。在雪藻生物量较低的巴塔哥尼亚冰川表面上，冰雪粉尘含量很低（平均 38 g/m²），冰雪返照率相当高，几乎与纯净冰区的一样。冰川表面反照率的降低会使冰川表面吸收的太阳辐射增加，从而加速冰川融化，因此冰川微生物能够影响冰川的能量收支和热量平衡，因而对于冰川地球物理学研究具有一定的意义（图 2.8）。

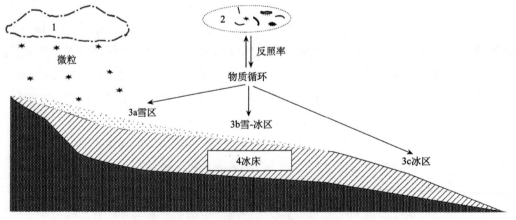

图 2.8　冰川生态系统框架图:大气循环-冰川-生物相互作用示意图（向述荣，2006）

---

① w. e. 是雪水当量的单位，全称为 water equivalent，具体指的是当地面积雪完全消融后，所得到的水形成水层的垂直深度。

2.3.2　历史上的冰雪事件与生命演化

　　早期地球上发生过多次大型冰期，这些冰雪事件的发生对于地球生命的起源和演化都有重要的意义，尤其古元古代雪球地球和新元古代（Neoproterozoic）雪球地球这两次超大型冰期，对照生命演化历史，前一次冰雪地球促进了藻类、细菌的演化，后一次冰雪地球可能导致了寒武纪生命大爆发，最近的研究发现植物叶绿体的形成、动物的出现等事件可能都与冰雪地球时期有关。

　　古元古代雪球地球和新元古代雪球地球这两次超大型冰期的时间刚好与两次大的氧化事件的时间点一致（图 2.9），推测发生超大型冰期的原因可能是产氧光合生物的出现逐渐将甲烷、二氧化氮等温室气体消耗掉，温室效应减弱，地表温度降低，促进海冰生成。由于冰的反照率大，太阳辐射的能量吸收减少，从而导致温度持续降低，这种正反馈作用促使了雪球事件的发生。

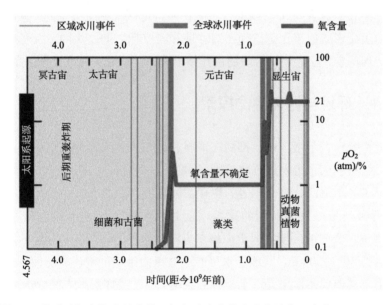

图 2.9　地质时期中的冰川事件、氧气浓度变化和生命演化（来自 Wikipedia）

　　真核微生物的出现时间与古元古代雪球地球事件结束的时间一致（22 亿年前），推测在古元古代超大冰期期间，生活在冰隙中的微生物在低温、营养缺乏、长期辐照损伤等胁迫下，促进了微生物协同进化，真核生物的始祖吞噬了 α-变形菌和蓝细菌，导致真核生物中线粒体和叶绿体的形成。

　　新元古代雪球地球事件的时间（7.5 亿～6 亿年前）正好处于寒武纪生命大爆发之前，包括斯图特（Sturtian）和马里诺（Marinoan）两次重大的全球性冰川作用。通过分析这个地质时期的古老岩石中残留的细胞膜痕迹的化学组成变化，发现在斯图特冰河期之后的温暖海水中，迅速出现了新的、体型更大的海生浮游藻类。其中一些藻类属于真核生物，意味着它们已经发展出了细胞核——演化出多细胞生命的又一个必要步骤。

不过，如果斯图特冰河期之后的地球没有发生地质化学上的重大变化，多细胞生命也就无法进一步演化。从上大气层到幽暗深海，地球的分子组成必须发生改变才行。

在雪球地球时期末段，融化的冰川迅速侵蚀大陆，将大量的营养物质输送到海洋中。发生了地质化学上的重大变化，多细胞生命进一步演化。原本氧气含量非常低的地球突然间充满了氧气。

氧气含量的上升引发了一系列相关事件，包括水体中磷含量的上升，而这种元素正是组成脱氧核糖核酸（DNA）和能量分子——三磷酸腺苷（ATP）的关键成分。藻类等一些更为复杂的生命形式开始出现。随着藻类分化，出现了另一些以藻类为食的生命形式。随着时间推移，以这些生物体为食的新捕食者也演化出来。越来越多的生物体死亡并沉到海底，使更多的碳固定下来。地球发展出了一个更为高效的生物泵。

这场由氧元素和磷元素推动的变化不可阻挡。即使在马里诺冰河期的雪球地球之后，热带地区的海洋表面达到 60℃，藻类依然能在两极地区找到生存空间，并继续演化。我们今天所知的生命形式似乎正是出现在雪球期和温室期之间。大约 5.5 亿年前，地球气候逐渐变得更加稳定，器官分化的动物也开始出现。这表明环境改变是生命演化的关键。

2.3.3　地外冰环境与地外生命探索

生命可能普遍存在于宇宙中，推测在地质和地貌类似于地球的星球上存在着生命迹象。在水星、金星和火星上发育过冰冻圈（水冰），而且在一些行星的卫星上（如月球、木卫二、土卫三、土卫四、土卫六等）也存在冰冻圈。

火星的两极也覆盖有大面积的冰盖，而且这些冰盖与地球极地的冰盖极其相似（图 2.10）。木卫二表面的环境类似于南极东方湖，木卫二表面 3～4 km 的冰床下面，海洋深度可能达到 50～100 km，其地下水可能通过压力推动的潮汐裂缝而到达表面上，从而为光合作用或其他代谢作用提供了临时的生境。由于爆炸而产生的分子氧、过氧化物、甲醛和其他简单的化学物质也会为生命提供碳源和能源，潮汐产生的电和热量也为生物化学反应提供了充分的能量。因此，通过研究类似生境的地球上冰川中的微生物及其对极端环境的适应机制将为星际生命探索提供必要线索。

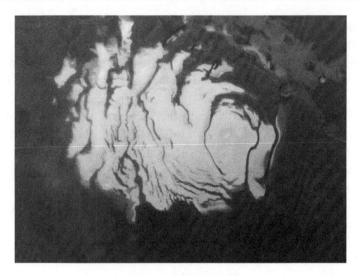

图2.10　火星南极极冠

思 考 题

1. 冰川微生物与气候环境的相互作用关系体现在哪些方面？

2. 在全球变暖冰川退缩的大环境下，是否需要采取措施保护冰川微生物资源？是否需要相应措施预防冰川微生物可能造成的危害？

延 伸 阅 读

刘光琇，陈拓，李师翁，等．2016．极端环境微生物学．北京：科学出版社．

Margesin R. 2017. Psychrophiles: From Biodiversity to Biotechnology（2nd Edition）. Berlin: Springer.

参 考 文 献

Amato P, Hennebelle R, Magand O, et al. 2007a. Bacterial characterization of the snow cover at Spitzberg, Svalbard. FEMS Microbiol Ecol, 59(2): 255-264.

Amato P, Parazols M, Sancelme M, et al. 2007b. An important oceanic source of micro-organisms for cloud water at the Puy de Dôme (France). Atmospheric Environment, 41(37): 8253-8263.

Boetius A, Anesio A M, Deming J W, et al. 2015. Microbial ecology of the cryosphere: Sea ice and glacial habitats. Nature Reviews Microbiology, 13(11): 1526-1740.

Burrows S M, Butler T, Jöckel P, et al. 2009. Bacteria in the global atmosphere-Part 2: Modeling of emissions and transport between different ecosystems. Atmospheric Chemistry and Physics, 9(23): 9281-9297.

Cameron K A, Hodson A J, Osborn A M, et al. 2012. Structure and diversity of bacterial, eukaryotic and archaeal communities in glacial cryoconite holes from the Arctic and the Antarctic. FEMS Microbiology Ecology, 82(2): 254-267.

Delort A M, Vaietilingom M, Amato P, et al. 2010. A short overview of the microbial population in clouds: Potential roles in atmospheric chemistry and nucleation processes. Atmospheric Research, 98(2-4): 249-260.

Edwards A, Anesio A M, Rassner S M, et al. 2011. Possible interactions between bacterial diversity, microbial activity and supraglacial hydrology of cryoconite holes in Svalbard. The ISME Journal, 5(1): 150-160.

Edwards A, Mur L A J, Girdwood S E, et al. 2014. Coupled cryoconite ecosystem structure-function relationships are revealed by comparing bacterial communities in alpine and Arctic glaciers. FEMS Microbiology Ecology, 89(2): 222-237.

Fröhlich-Nowoisky J, Kampf C J, Weber B, et al. 2016. Bioaerosols in the Earth system: Climate, health, and ecosystem interactions. Atmospheric Research, 182(Dec): 346-376.

Hell K, Edwards A, Zarsky J, et al. 2013. The dynamic bacterial communities of a melting High Arctic glacier snowpack. The ISME Journal, 7(9): 1814-1826.

Hodson A, Anesio A M, Tranter M, et al. 2008. Glacial ecosystems. Ecological Monographs, 78: 41-67.

Hoose C, Kristjánsson J E, Burrows S M, et al. 2010. How important is biological ice nucleation in clouds on a global scale. AGU Fall Meeting.

Joly M, Attard E, Sancelme M, et al. 2013. Ice nucleation activity of bacteria isolated from cloud water. Atmospheric Environment, 70(May): 392-400.

Knowlton C, Veerapaneni R, D'Elia T, et al. 2013. Microbial analyses of ancient ice core sections from Greenland and Antarctica. Biology, 2(1): 206-232.

Margesin R, Miteva V. 2011. Diversity and ecology of psychrophilic microorganisms. Research in Microbiology, 162(3): 346-361.

Price P B. 2000. A habitat for psychrophiles in deep Antarctic ice. PNAS, 97(3): 1247-1251.

Sattle B, Psenner R, Puxbaum H. 2001. Bacterial growth in supercooled cloud droplets. Geophysical Research Letters, 28(2): 239-242.

Segawa T, Miyamoto K, Ushida K, et al. 2005. Seasonal change in bacterial flora and biomass in mountain snow from the Tateyama Mountains, Japan, analyzed by 16S rRNA gene sequencing and real-time PCR. Applied and Environmental Microbiology, 71(1): 123-130.

Telling J, Anesio A M, Tranter M, et al. 2014. Spring thaw ionic pulses boost nutrient availability and microbial growth in entombed Antarctic Dry Valley cryoconite holes. Frontiers in Microbiology, 5: 694.

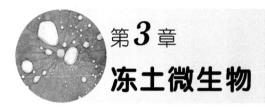

第3章

冻土微生物

冻土是指 0℃以下，含有冰的土壤、沉积物或基岩，通常可分为短时冻土、季节冻土以及多年冻土。冻土为微生物提供了独特的生境，它被认为是一个储存古老活性细胞的巨大"仓库"（Gilichinsky et al., 2008）。近年来，从冻土环境中分离出具有再生能力的巨型 DNA 病毒及细菌的报道，揭示了微生物（细菌、古菌、真菌等）能够以某种方式（如停止营养生长的休眠状态）长期存活于冻土环境中。即便处于 0℃以下的低温，冻土中仍普遍包含未冻结水。这些液态水主要以水膜的形式存在于土壤微团聚体和冰晶的周围。随着周围水的冻结，液态水膜中富集了大量的盐分、养分以及矿物质。液态水膜在冻土中相互联系并呈网状分布，形成卤水通道（图 3.1）。卤水通道能够保护微生物免

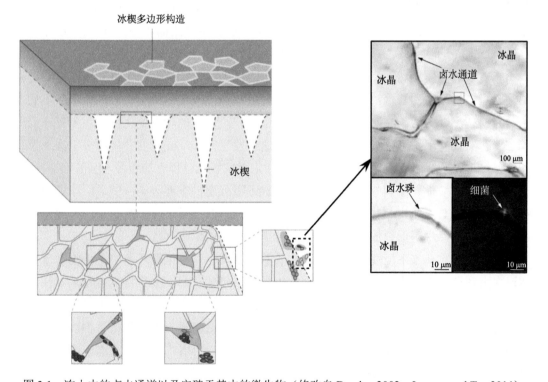

图 3.1　冻土中的卤水通道以及定殖于其中的微生物（修改自 Deming,2002；Jansson and Taş,2014）

受冰晶的损伤，充当微生物的"天然培养基"。虽然纯冰阻挡外部物质向其渗透，但卤水通道允许营养物质和代谢产物的转运。例如，在北极多年冻土冰楔的卤水通道中观察到了大量耐冷及耐盐的微生物群落。因此，作为土壤或冰晶与液态水的界面，卤水通道被认为是冻土中最重要的微生物生境（图 3.1）。

3.1　冻土微生物的活性

由于长期处于 0℃以下的低温环境，因此，冻土是微生物在零下温度中存活并生长的理想环境。冻土微生物群落在原位环境中是否具有生物学活性？冻土微生物生命的低温极限是多少？这些是冻土微生物学研究的重点问题。虽然大多数冻土微生物的最适宜生长温度为适中的温度，但在很早以前科学家们就开始关注它们在 0℃以下低温的存活能力。

冻土微生物活性可通过室内培养并测量气体通量或同位素标记底物的摄取量等多种方法来测定。例如，将多年冻土在–33～0℃下添加 ^{14}C 标记的葡萄糖后发现，冻土中产生的 $^{14}CO_2$ 浓度高出灭菌对照两个数量级，说明多年冻土中存在具有活性的微生物群落。同样，多年冻土微生物能够在–20～5℃将 ^{14}C 标记的乙酸盐摄入脂肪分子结构中，乙酸盐摄入的数量和速率与冻土液态水膜的厚度相关，表明随着环境温度下降，冰的形成将降低液态水含量，进而抑制了冻土微生物活性。此外，某些化学物质的氧化还原反应也可用于指示冻土微生物活性。例如，分离自湿寒土的微生物菌株能够在–10℃下还原刃天青（resazurin），但并未发生细胞分裂，说明冻土微生物虽然在零下低温中具有代谢活性，但不能生长和繁殖。然而，也有研究发现多年冻土细菌可在长达 6 个月的低温培养过程中摄入 ^{13}C 标记的乙酸盐，说明多年冻土细菌能够在–20～0℃下生长。对冻土环境的原位研究验证了以上结论。例如，通过监测 $^{14}CH_4$ 和 $^{14}CO_2$ 的动态变化发现，多年冻土中存在具有活性的甲烷氧化细菌。其最大氧化速率发生在 40 cm 深度并接近多年冻土上限的位置；随着深度增加，在年代更久的土层中，甲烷氧化过程愈加缓慢，但仍可检测到。在原位冻土环境中，冰楔的形成是决定微生物呼吸代谢的重要因素。例如，冰楔中往往积累了丰富的 CO_2，其上方 CO_2 流动速率通常较高；在冬季末，冰楔上方 CO_2 净释放量显著高于对照，说明原位低温状况下存在持续活动的微生物群落。

基于微生物在零下温度中的活性及生长繁殖状况，可将低温环境中微生物群落的代谢速率大致分为 3 个水平：①满足微生物生长和繁殖的速率；②维持微生物基本代谢的速率，但并不足以进行生长和繁殖；③维持存活状态的速率，在该速率下微生物仅能够对自身大分子物质的损伤进行修复。总之，冻土中蕴藏着具有活性的微生物群落，即使它们的代谢速率非常低，但绝非以休眠状态存在的"幸存者"。因此，冻土中微生物生物量在碳、氮、硫等地球化学过程中发挥着重要作用（Price and Sowers, 2004）。

3.2　冻土微生物的数量、多样性及群落组成特征

3.2.1　冻土微生物的数量

尽管冻土属于低温极端环境，但其包含着数量庞大的微生物群落。据统计，中国冻土微生物细胞数量高达 10^{10} cells/g，且在不同研究地点间差异较大（表 3.1）。用 DAPI 荧光染色观察到的中国冻土微生物细胞总数介于 $10^7 \sim 10^9$ cells/g，与北极冻土微生物数量一致，但高于西伯利亚和南极冻土[图 3.2（a）]；可培养需氧细菌的数量可达 6×10^7 CFU/g，均高于北极、西伯利亚以及南极[图 3.2（b）]。不同冻土环境中微生物数量的变化反映了该生境中水分以及养分可利用性的差异（Hu et al., 2015）。

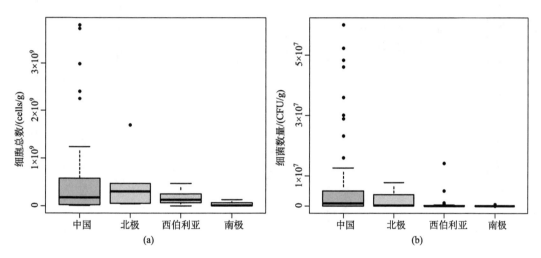

图 3.2　不同地区冻土微生物细胞总数（a）和可培养需氧细菌数量（b）特征（修改自 Hu et al., 2015）

相关研究所得可培养微生物数量仅占冻土微生物细胞总数的很小一部分。例如，青藏高原北麓河地区冻土可培养微生物数量为 $10^2 \sim 10^6$ CFU/g，而细胞总数则介于 $10^7 \sim 10^9$ cells/g。造成该差异的原因有微生物自身不可培养的特性（如"侏儒"细胞）、不适当的样品预处理（如反复冻融），以及特殊的微生物类群需要特别的培养状况等。另外，定量 PCR 或荧光显微计数等方法测定的微生物细胞总数往往会高估活细胞数量，因为一些死亡细胞或者裸露在土壤颗粒中的 DNA 在冻土低温环境中会长期保存下来（Willerslev et al., 2004）。

冻土微生物数量受到各种非生物因素的影响。例如，随着冻土深度或年代的增加，从冻土中恢复活细胞的难易程度变小，微生物数量呈现下降的趋势；然而，可培养细菌的多样性往往与冻土年代有关，与深度无关。珠穆朗玛峰冻土中的古菌氨单加氧酶基因（*amo*A）基因丰度随海拔上升显著降低。在海拔低于 5400m 时，古菌氨氧化类群比细菌

表 3.1　基于可培养和不可培养技术的中国高海拔地区冻土微生物相关研究（修改自 Hu et al., 2015）

研究区域和地点 [a]	海拔/m	采样深度/cm	研究方法	研究对象	可培养微生物数量 [c]	微生物细胞总数 [d]
青藏高原						
扎当冰川前沿	5515	NA [b]	实验室培养	好氧细菌	$10^4 \sim 10^5$	NA
沱沱河	4491	20~150	实验室培养	好氧细菌	$10^5 \sim 10^7$	NA
北麓河盆地	4125~4807	20~570	实验室培养	好氧细菌	$0 \sim 10^7$	NA
北麓河盆地	4676	10~20	实验室培养	好氧细菌	$10^2 \sim 10^6$	$10^7 \sim 10^9$
北麓河盆地	NA	NA	实验室培养	好氧细菌	10^7	NA
北麓河盆地	4125~4804	20~570	实验室培养	耐冷嗜碱细菌	$10^2 \sim 10^5$	NA
三江源	4301~4546	0~30	实验室培养	细菌	$10^5 \sim 10^6$	NA
				真菌	$10^3 \sim 10^4$	NA
				放线菌	$10^5 \sim 10^6$	NA
青藏铁路沿线（风火山—羊八井）	3573~5231	15	实验室培养/DGGE [f]	细菌	$10^5 \sim 10^7$	NA
昆仑山垭口	4779	50~900	实验室培养/克隆测序	真菌	$0 \sim 10^3$	NA
若尔盖湿地	3430~3460	20~30	厌氧富集培养/定量 PCR/克隆测序	古菌	NA	$(10^8 \sim 10^9)$ [e]
				产甲烷古菌	NA	$(10^7 \sim 10^9)$ [e]
冬给措纳/花石峡/甘德	4150~4315	5~90	定量 PCR/T—RFLP [g]	细菌	NA	$(10^5 \sim 10^7)$ [e]
珠穆朗玛峰	4000~6550	0~10	定量 PCR/克隆测序	氨氧化细菌	NA	$(10^4 \sim 10^7)$ [e]
				氨氧化古菌	NA	$(10^3 \sim 10^8)$ [e]
乌丽	4600	NA	定量 PCR/克隆测序	细菌/氨氧化细菌	NA	$(10^7 \sim 10^8)$ [e] $/(10^3 \sim 10^4)$ [e]
				古菌/氨氧化古菌	NA	(10^7) [e] $/(10^3 \sim 10^4)$ [e]
北麓河多年冻土研究站	4885	0~20	实验室培养/454 高通量测序	细菌	10^5	10^8
青藏铁路沿线（西大滩—两道河）	4520~5100	0~20	实验室培养/454 高通量测序	细菌	$10^6 \sim 10^7$	$10^8 \sim 10^9$

续表

研究区域和地点	海拔/m	采样深度/cm	研究方法	研究对象	可培养微生物数量 [c]	微生物细胞总数 [d]
纳木错	4718	0~5	定量 PCR/454 高通量测序	细菌	NA	(10^{10}) [e]
				甲烷氧化细菌	NA	(10^8) [e]
祁连山						
冰沟流域	2905~4130	0~60	实验室培养	好氧细菌	10^6~10^7	NA
天山						
天山一号冰川	3833	100~284	实验室培养	好氧细菌	10^5	NA
天山一号冰川	3564/3760	135~150	实验室培养	好氧细菌	10^3	NA
大西沟气象站	3586	0~200	实验室培养	好氧细菌	10^4~10^5	10^7~10^8

a. 研究区域使用黑体加粗表示
b. NA 表示数据不可用
c. 每克土壤的菌落形成单位 (colony-forming unit, CFU) （仅显示数量级）
d. 每克土壤的微生物细胞总数 (PCR) （仅显示数量级）
e. 定量聚合物酶链反应 (PCR) 结果
f. 变性梯度凝胶电泳
g. 末端限制性片段长度多态性

氨氧化类群更加丰富，而当海拔高于 5400m 时则呈现了相反的格局。同样，可培养微生物数量在不同采样月份和植被类型间变化显著。此外，冻土微生物数量与多种土壤物理化学性质，如土壤湿度、酸碱度、有机碳和总氮含量等紧密相关。综上所述，冻土的起源、年代、理化特性及其他非生物因素共同决定了微生物群落的数量（Altshuler et al., 2017）。

3.2.2　南北极冻土微生物的多样性和群落组成特征

长期以来，冻土微生物多样性研究主要集中在南极、北极。其中，以西伯利亚和加拿大北部冻土区研究最为丰富。冻土蕴藏着多样的微生物类群，包括细菌、古菌、真菌及蓝细菌等（图 3.3）。迄今为止，从南极和北极冻土中分离的细菌菌株大多属于 4 个门：厚壁菌门（Firmicutes）、放线菌门（Actinobacteria）、变形菌门（Proteobacteria）和拟杆菌门（Bacteroidetes），至少可以划分为 70 个属（Steven et al., 2009）。可培养细菌拥有不同的功能与代谢特征，包括需氧和厌氧异养型、化能无机自养型、甲烷氧化型和光能自养型等。其中，革兰氏阳性、兼性厌氧的微小杆菌属（*Exiguobacterium*）和革兰氏阴性的嗜冷杆菌属（*Psychrobacter*）细菌为优势菌属，常见于西伯利亚冻土。在南极冻土中，一些细菌菌株属于异常球菌-栖热菌门（Deinococcus-Thermus）、螺旋体门（Spirochaetes）和链霉菌属（*Streptomycetes*）。

冻土的低温环境使得其中的可培养细菌群落往往具有特殊性。例如，湿寒土中存在大量活性微生物细胞并包含多种需氧、厌氧、非产孢及产孢细菌群落。细菌菌株隶属于 9 个属，其中嗜冷杆菌属为优势属。一株分离自湿寒土的细菌新种（*Clostridium algoriphilum*）具有嗜冷以及寡营养特征，并且能够产生乳酸盐和丁酸盐，这些代谢产物可以被湿寒土中其他异养型细菌（如嗜冷杆菌属物种）利用，说明湿寒土微生物群落中存在逐级传输的营养链。冻土冰楔中可培养细菌多样性较低，放线菌门为优势类群。

南极和北极冻土中可培养古菌，以产甲烷古菌为最常见类群。可培养的产甲烷古菌数量通常很低（$10^2 \sim 10^3$ CFU/g），且大多隶属于甲烷八叠球菌属（*Methanosarcina*）和甲烷杆菌属（*Methanobacterium*），说明甲烷产生能够发生在原位冻土环境中。

真菌主要以孢子形式存在于冻土中，其数量远低于原核微生物细胞。北极冻土可培养酵母数量为 $10^3 \sim 10^4$ CFU/g，隶属于隐球酵母属（*Cryptococcus*）、红酵母属（*Rhodotorula*）、酵母属（*Saccharomyces*）和掷孢酵母属（*Sporobolomyces*）；子囊菌门（Ascomycota）的地丝霉属（*Geomyces*）、枝孢霉属（*Cladosporium*）、青霉属（*Penicillium*）和曲霉属（*Aspergillus*）则是最常见的丝状真菌类群。相比之下，南极冻土中可培养酵母和丝状真菌数量往往很低，隐球酵母属和木拉克酵母属（*Mrakia*）为主要真菌类群。

尽管冻土为完全黑暗的环境，但仍存在光能自养型微生物。通过富集培养已发现了活性蓝细菌和绿藻。这些光能自养微生物可以休眠状态在冻土中存活上百万年，在光照条件下可迅速复苏。

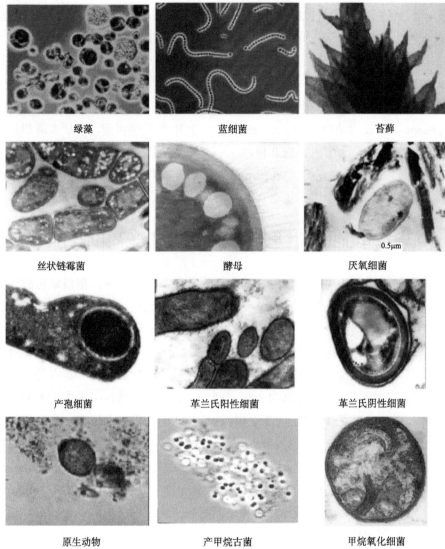

绿藻　　　蓝细菌　　　苔藓

丝状链霉菌　　　酵母　　　厌氧细菌

产孢细菌　　　革兰氏阳性细菌　　　革兰氏阴性细菌

原生动物　　　产甲烷古菌　　　甲烷氧化细菌

图 3.3　冻土微生物主要种类及其形态结构（修改自 Gilichinsky,2002）

　　近年来，随着 DNA 测序技术的发展，冻土中越来越多的微生物类群被发现。测序数据显示冻土中存在不同功能类型的微生物群落，其中很多是厌氧类群，例如，乙酸发酵型产甲烷菌、氢营养型产甲烷菌、反硝化菌、硫酸盐还原菌以及铁（III）还原菌等。冻土中细菌群落多样性明显高于古菌和真菌，北极冻土主要细菌类群包括变形菌门、厚壁菌门、酸杆菌门、放线菌门[特别是间孢囊菌科（Intrasporangiaceae）和红色杆菌科（Rubrobacteraceae）]、拟杆菌门、绿弯菌门（Chloroflexi），以及多种甲烷氧化细菌，如甲基微菌属（*Methylomicrobium* spp.）和甲基杆菌属（*Methylobacter* spp.）。南极冻土细菌群落则主要为变形菌门、放线菌门和拟杆菌门，其中 β-变形菌纲（Betaproteobacteria）为优势类群。相比于北极冻土,南极冻土中异常球菌-栖热菌门和蓝细菌门丰度往往较高。

异常球菌-栖热菌门的细菌素以抵抗辐射和干燥的能力著称，这确保了它们能在更加极端恶劣的南极冻土中长期存活。此外，蓝细菌在南极陆地生态系统中扮演着至关重要的角色，由于缺少高等植物，蓝细菌通常以初级生产者身份参与南极冻土中碳和氮的固定（Jansson and Taş, 2014）。

南北极冻土中古菌群落大多隶属于广古菌门（Euryarchaeota）、泉古菌门（Crenarchaeota）和奇古菌门（Thaumarchaeota），其中产甲烷古菌、嗜盐古菌和具有硝化功能的奇古菌门古菌最为常见。南北极冻土中真菌群落主要隶属于子囊菌门、担子菌门（Basidiomycota）以及毛霉亚门（Mucoromycotina），但高山冻土，例如喜马拉雅山和落基山冰川前沿雪覆盖的冻土中，优势真菌类群为壶菌门（Chytridiomycota）。

3.2.3　中国高海拔地区冻土微生物的多样性和群落组成特征

中国高海拔地区冻土可培养微生物的多样性非常高。可培养细菌隶属于放线菌门、厚壁菌门、α-变形菌纲、β-变形菌纲、γ-变形菌纲和拟杆菌门。这些细菌包含革兰氏阳性和阴性菌，以及产孢类群；其中，产孢细菌数量在不同地点的冻土环境间差异很大。例如，青藏高原冻土产孢细菌占可培养细菌的 53%；而在天山冻土区仅为 1%。放线菌门和变形菌门通常为中国高海拔冻土可培养细菌的优势类群，其数量分别占天山、北麓河盆地和沱沱河冻土可培养细菌群落的 80%、82%和 79%。分离自中国冻土的细菌几乎均为需氧异养型微生物且至少隶属于 83 个属，这与之前南北极冻土环境中报道的数量相当（至少 70 个属）。其中，节杆菌属（*Arthrobacter*）、芽孢杆菌属（*Bacillus*）、短波单胞菌属（*Brevundimonas*）、黄杆菌属（*Flavobacterium*）、细杆菌属（*Microbacterium*）、类芽孢杆菌属（*Paenibacillus*）、动性球菌属（*Planococcus*）、动性杆菌属（*Planomicrobium*）、假单胞菌属（*Pseudomonas*）、嗜冷杆菌属、鞘氨醇单胞菌属（*Sphingomonas*）以及链霉菌属为可培养细菌优势属（Hu et al., 2015）。

有关中国高海拔冻土可培养古菌和真菌的研究主要集中在青藏高原。青藏高原冻土可培养古菌隶属于甲烷叶菌属（*Methanolobus*）和甲烷食甲基菌属（*Methanomethylovorans*）。其中，包含一株新的、嗜冷的产甲烷古菌——*Methanolobus psychrophilus* sp. nov.。该古菌为甲基营养型，即只利用甲基化合物产生甲烷，其生长温度范围为 0～25℃，最适生长温度为 18℃，在 0℃仍能生长并产生甲烷。该菌株数量占若尔盖湿地冻土中古菌群落的 17.2%；在甲醇的低温（15℃）富集物中，该菌株的比例提高至 42%。说明若尔盖湿地冻土中优势的嗜冷产甲烷菌属于甲基产甲烷型，其在湿地冻土生态系统的碳循环（如甲烷产生）过程中扮演着重要的角色（Zhang et al., 2008）。青藏高原冻土可培养真菌数量很低（0～10^3 CFU/g），且主要分布于活动层中。可培养真菌隶属于子囊菌门和担子菌门的 5 个属：地丝霉属、枝孢霉属、链格孢属（*Alternaria*）、红酵母属和隐球酵母属（Hu et al., 2014）。

近年来，DNA 测序技术被广泛应用于中国高海拔冻土区微生物多样性研究中。其中，对细菌群落的研究最为丰富，这些研究显示不同地区不同生境的冻土细菌群落组成有着很大的不同（图 3.4）。例如，变形菌门和放线菌门是天山、昆仑山垭口、北麓河冻土细菌群落的主要类群[图 3.4（a）、图 3.4（g）、图 3.4（h）]；酸杆菌门是三江平原地区和漠河酸性冻土主要细菌群落[图 3.4（e）]；祁连山冻土的优势细菌类群为变形菌门和拟杆菌门[图 3.4（c）]，而异常球菌-栖热菌门是冻土水合物细菌群落的优势类群[图 3.4（d）]；纳木错湖湿地冻土细菌群落中，放线菌门、变形菌门和绿弯菌门为优势类群[图 3.4（f）]。引起细菌群落组成差异的因素主要有冻土物理化学性质（pH、含水量、碳氮比等）、植被类型、气候特征等（Hu et al., 2015）。

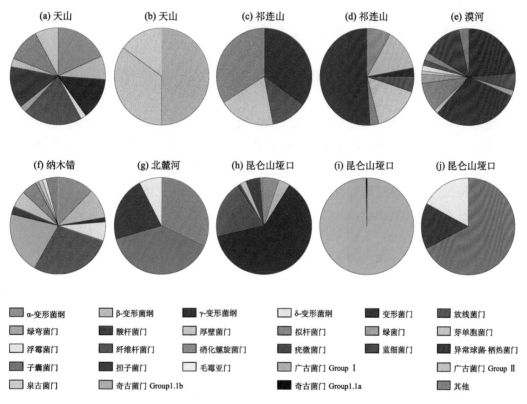

图 3.4　中国不同地区冻土微生物群落组成特征（修改自 Hu et al., 2015）

青藏高原冻土真菌群落主要由子囊菌门、担子菌门、毛霉亚门、壶菌门（Chytridiomycota）、微孢子门（Microsporidia）、球囊菌门（Glomeromycota）、梳霉亚门（Kickxellomycotina）以及芽枝霉门（Blastocladiomycota）组成；其中，子囊菌门、担子菌门和毛霉亚门为最丰富的类群。在昆仑山垭口多年冻土区[图 3.4（j）]，很大一部分真菌序列与已知物种的亲缘关系相差甚远，它们可能代表新的、未知的物种。这些序列隶属于地丝霉属、茎点霉属（*Phoma*）、被孢霉属（*Mortierella*）、*Thelebolus*、隐球酵母属、

Leucosporidiella、红酵母属、*Dioszegia*、青霉属、链格孢属和枝孢霉属；这些属曾广泛发现于类似的极端冷环境中，反映了其广布的嗜冷或耐冷特性。此外，真菌群落组成随冻土深度变化且在活动层和多年冻土间呈现了不同的分布格局（Hu et al., 2014, 2015）。

中国高海拔冻土古菌类群主要包括广古菌门、泉古菌门和奇古菌门，其群落组成同样在不同地区冻土间差异很大。例如，青藏高原冻土古菌的优势类群为泉古菌门的 Group1.3b/MCG-A 和广古菌门的产甲烷古菌。然而，昆仑山垭口冻土古菌群落几乎全部属于奇古菌门 Group 1.1b[图 3.4（i）]。天山冻土中很大一部分古菌则属于广古菌门的 Group I 嗜盐古菌类群[图 3.4（b）]，该结果佐证了冻土微生物主要存活于土壤微团聚体表面或冰晶内具有高盐浓度的卤水通道中。此外，若尔盖泥炭地古菌群落动态变化与植被类型密切相关，属于乙酸发酵型的产甲烷古菌——甲烷八叠球菌科（*Methanosarcinaceae*）和甲烷鬃菌科（*Methanosaetaceae*）为优势类群（Hu et al., 2015）。

3.3　全球气候变化下的冻土微生物响应

全球气候变暖对冻土的影响以及冻土微生物在气候变暖中扮演的角色受到越来越多的重视。有关多年冻土融化以及微生物降解其中封存的有机质，进而导致二氧化碳、甲烷和一氧化二氮等温室气体释放的科学问题，是目前微生物生态学家关注的焦点。据估计，全球范围内冻土储存的有机碳含量为 18320 亿 t，大约相当于地上植被与大气中碳的总量。在气候变暖的影响下，冻土融化不仅激活了冻土微生物，而且释放出微生物可利用的有机碳和营养物，从而进一步增加了它们的活性与多样性。这些过程最终对温室效应产生了很大的正反馈影响（图 3.5）。

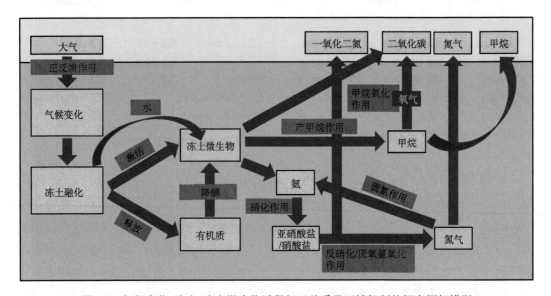

图 3.5　气候变化–冻土–冻土微生物过程相互关系及互馈机制的概念框架模型

最近的研究关注了冻土微生物对全球气候变化的响应。室内模拟冻土融化后，多年冻土上限中磷酸酶和 β 葡萄糖苷酶活性迅速增大，并且嗜营养的拟杆菌门细菌为优势菌群，这说明多年冻土上限充当了来自活动层易降解有机质的富集场所。同时，担子菌门真菌以及嗜热丝菌门（Caldiserica）细菌最先响应深层冻土融化，并参与了复杂有机质的降解，进而产生易分解的底物来支持其他异养细菌（如 β 变形菌纲、放线菌门和厚壁菌门）的生长（Coolen et al., 2011）。此外，多年冻土功能基因组成发生了迅速变化并更接近活动层。在冻土融化过程中，均探测到了甲烷和二氧化碳的释放。甲烷的爆发性释放出现在冻土融化两天后，而在第七天甲烷浓度显著降低，这是由于最初的甲烷爆发性释放主要归因于冻土融化后封存于其中的甲烷释放，而随后大部分甲烷被甲烷氧化细菌消耗。因此在全球气候变化影响下需要更好地理解冻土中温室气体的源—库关系，甲烷产生（源）和甲烷氧化（库）过程之间的平衡可能是决定未来冻土是否向全球气候变化反馈的重要因素（Mackelprang et al., 2011; Graham et al., 2012）。此外，冻土融化后的基因表达模式则趋向于超表达，主要涉及翻译、核糖体结构、胞外蛋白质的降解、厌氧代谢，以及碳水化合物摄取、运输和降解的基因，这将有助于冻土中有机碳的降解。然而，编码生物膜形成基因的表达则在冻结状况下更高，这是因为冻土中生物膜的形成仅限于土壤微团聚体颗粒表面或冰晶中的液态卤水通道。同样，野外模拟增温后，冻土微生物群落响应迅速且高度一致；增温显著增加了细菌、真菌的丰度，以及 α-变形菌纲和酸杆菌门的丰度比，进而导致了土壤呼吸强度的增大（Yergeau et al., 2012）。

3.4　冻土微生物在生物地球化学过程中的作用

3.4.1　甲烷产生和氧化

甲烷产生发生在厌氧的环境中。随着世界范围内气候变暖的加速，冻土作为重要的甲烷来源受到了越来越高的重视，而冻土融化导致的地表塌陷区域则尤为重要。水淹没了地表并形成了富含碳的缺氧环境，为产甲烷微生物群落提供了理想的场所。产甲烷微生物是一类特殊的古菌类群，是生物甲烷产生的唯一有机体。甲烷氧化微生物则是一类将甲烷作为唯一能量来源的细菌，隶属于 γ-变形菌纲（type I）和 α-变形菌纲（type II）以及疣微菌门。在厌氧状况下，甲烷氧化细菌与产甲烷古菌密切相关，其被认为凭借与甲烷产生相反的方式来氧化甲烷。

融化的冻土中与甲烷产生相关的基因、转录本和蛋白均非常丰富，这与其具有很高的产甲烷古菌丰度、甲烷释放量和释放速率一致。然而，甲烷产生同样发生在完全冻结的多年冻土层，这导致了甲烷在原位多年冻土中的大量积累。这些甲烷大多不能向外扩散，因此被封存于多年冻土中与外部大气环境隔绝。随着气候变暖的加剧，多年冻土的融化最终将这些甲烷释放到大气中（Mackelprang et al., 2011; Hultman et al., 2015）。

与冻土中甲烷产生和氧化有关的一个重要科学问题是：哪些因素调节着冻土中以甲烷形式释放到大气中的碳的量？要回答这个问题必须深入理解两个关键的因素：首先是在厌氧环境下作为甲烷产生过程终产物的二氧化碳和甲烷比例的调控因素；其次是甲烷排放到大气过程中的命运，因为当甲烷通过含氧冻土环境时，其很可能受到甲烷氧化细菌的消耗。在厌氧环境中，伴随着无机末端电子受体（如硝酸盐和硫酸盐等）的消耗殆尽，甲烷产生过程逐渐占主导地位；根据甲烷产生的化学方程（$C_6H_{12}O_6 \rightarrow 3CO_2 + 3CH_4$）不难看出，甲烷和二氧化碳是以 1∶1 的化学计量比产生的。该方程代表乙酸发酵型和氢营养型这两种主要甲烷产生途径的净效应。然而，有关冻土甲烷循环的一个难题是，相比于二氧化碳，甲烷产生量较低。通常来讲，冻土中二氧化碳和甲烷产生量的比值远大于 1，尤其是在融化的冻土中这一比值更高。这是由于融化的冻土中存在有机末端电子受体、发酵中间产物如乙酸盐（在融化的冻土中通常不能被乙酸营养型产甲烷古菌利用）的积累，以及对微生物群落具有毒副作用的酚类或芳香类物质。产甲烷古菌产生的甲烷的命运最终取决于有多少被需氧或厌氧甲烷氧化细菌氧化为二氧化碳。需氧甲烷氧化细菌（被认为在甲烷氧化过程中远重要于厌氧甲烷氧化细菌）消耗了全球冻土湿地产生的甲烷总量的 40%～70%。因此，甲烷氧化细菌在决定最终释放到大气的甲烷总量中扮演着至关重要的角色。虽然甲烷氧化过程由微生物直接实现，但冻土中该过程很大程度上依赖于微生物群落同植被及水文状况的相互作用，其共同影响了甲烷从土壤向大气的传播。例如，甲烷可以通过土壤含氧区之外的方式扩散至大气中，如在冻土融水表面形成气泡或者通过植物通气组织等，这样会避免受到甲烷氧化细菌群落的消耗（Mackelprang et al., 2016）。

冻土往往被简单地认为含氧区覆盖于无氧区之上，但真实情况并非如此。原位冻土环境异常复杂，含氧的土壤微环境存在于通常被认为的厌氧区，反之，厌氧的土壤微环境也存在于通常被认为的含氧区。因此，理解冻土中含氧和无氧区域的分布格局对于确定甲烷产生和氧化的净效应至关重要。例如，即使冻土顶部空间处于厌氧状态，需氧甲烷氧化细菌群落仍能够快速消耗大量甲烷，其需要的氧气来源于厌氧区中的卤水通道或含氧微环境（Jørgensen et al., 2015）。

3.4.2 有机质降解

冻土中，由微生物群落介导的厌氧和有氧状态下的有机质降解途径比控制有机质分解为甲烷的过程更加错综复杂。甲烷产生和氧化过程由一小部分特定的微生物类群所介导，这些微生物可以指示与甲烷代谢相关的潜在功能。与此相反，根据冻土微生物群落的分类信息往往不能较好地预测它们与有机质降解相关的能力。如同它们的底物一样，冻土微生物对有机质的降解途径是多种多样的。与和甲烷代谢相关的基因相比，冻土微生物中与有机质降解相关的基因的遗传多样性更高；同时，在不同冻土微生物的基因组中，与有机质降解相关的基因的丰度同样高度变化（Mackelprang et al., 2016）。冻土的有机质降解过程涉及多种多样的关键基因。例如，在活动层和多年冻土中均检测到与淀粉、木质纤维素、几丁质、海藻糖和植物聚合物等与降解相关的基因，共发现 73 个属于碳水化合物活性酶的糖苷水解酶家族。其中，寡糖降解家族最为丰富，脱支酶和纤维素酶家族次之（Tveit et al., 2012）。

冻土中有机质降解基因的丰度与冻土环境状况以及理化性质的变化紧密相关。例如，冻土融化后，与纤维素降解和转运、糖利用和转运以及几丁质降解相关的基因的丰度发生了显著变化。然而，它们的变化趋势在冻土岩心间不相同。其中一个岩心显示了更高数量的碳代谢相关基因，这与其具有更高的可溶性有机碳含量和碳密度相关（Mackelprang et al., 2011）。

3.4.3　氮循环

2010 年，在北极冻土活动层和多年冻土中发现了丰度极高的负责编码固氮酶复合体的 *nifH* 基因。该酶负责将氮气转化为氨，这说明冻土微生物具有固定大气中氮气的能力。冻土融化后，*nifH* 基因的丰度在短时间内显著降低，而涉及硝酸盐还原和氨化作用的诸多基因丰度均显著增加。这是由于融化前的冻土封存了生物体可利用的氮，微生物群落需要通过固氮过程来获取必须的含氮有机分子；一旦冻土融化，被封存的氮源逐渐被微生物群落所同化利用。此外，在冻土中还发现编码谷氨酰胺合成酶（glutamine synthetase; *glnA*）和谷氨酸合成酶（glutamate synthase; *gltB*, *gltD*, *gltS*）的基因，这说明在原位冻土环境中，氮同化过程是普遍发生的（Mackelprang et al., 2011; Hultman et al., 2015）。

3.4.4　铁还原

在厌氧状况下，冻土中的铁还原是一个重要的过程。冻土中存在丰度很高的铁还原过程相关基因，说明冻土中该过程为主要的厌氧途径。从多年冻土宏基因组中组装构建的一个新的细菌基因组与 *Acidimicrobium ferrooxidans* 具有很高的序列相似性，而 *A. ferrooxidans* 能够在厌氧状况下还原铁。该细菌基因组包含编码铁转运、铁摄取以及铁还原过程的细胞色素蛋白基因。此外，在多年冻土中还发现了 58 个与另一个铁还原细菌（*Rhodoferax ferrireducens*）相匹配的蛋白（Lipson et al., 2013; Hultman et al., 2015）。

3.4.5　硫循环

冻土中，硫化合物氧化和还原过程存在的程度目前尚不清楚。但是，毫无疑问，冻土微生物群落展现了与硫代谢过程相关的能力。例如，曾在多年冻土中分离出一株硫还原细菌（*Desulfosporosinus hippei*）；在北极冻土中发现与硫酸盐还原和硫氧化细菌相关的基因序列。同样，在冻土中检测到涉及硫酸盐还原过程的基因，这均说明在原位冻土环境中，微生物群落将硫酸盐作为末端电子受体利用。此外，冻土的融化显著增加了硫酸盐还原速率，与硫酸盐还原过程相关的转录本和基因的比值非常高，说明介导该过程的微生物群落在原位环境中是具有活性的，冻土的融化为硫酸盐还原过程提供了更加有利的氧化还原状况（Lipson et al., 2013; Hultman et al., 2015）。

思 考 题

1. 微生物在冻土中的主要生境是什么？其原因是什么？
2. 冰的形成如何影响冻土微生物的活性？
3. 冻土微生物有哪些主要功能？它们与全球气候变化有何相关性？

参 考 文 献

Altshuler I, Goordial J, Whyte L G. 2017. Microbial Life in Permafrost//Margesin R. Psychrophiles: From Biodiversity to Biotechnology. Cham, Switzerland: Springer International Publishing AG : 153-179.

Coolen M J L, van de Giessen J, Zhu E Y, et al. 2011. Bioavailability of soil organic matter and microbial community dynamics upon permafrost thaw. Environmental Microbiology, 13(8): 2299-2314.

Deming J W. 2002. Psychrophiles and polar regions. Current Opinion in Microbiology, 5(3): 301-309.

Gilichinsky D A. 2002. Permafrost model of extraterrestrial habitats// Horneck G, Baumstark-Khan C. Astrobiology: the Quest for the Conditions of Life. Berlin Heidelberg: Springer-Verlag : 125-142.

Gilichinsky D A, Vishnivetskaya T A, Petrova M, et al. 2008. Bacteria in permafrost// Margesin R, Schinner F, Marx J C, et al. Psychrophiles: from Biodiversity to Biotechnology. Springer-Verlag, Berlin Heidelberg: 83-102.

Graham D E, Wallenstein M D, Vishnivetskaya T A, et al. 2012. Microbes in thawing permafrost: the unknown variable in the climate change equation. The ISME Journal, 6(4): 709-712.

Hu W G, Zhang Q, Li D Y, et al. 2014. Diversity and community structure of fungi through a permafrost core profile from the Qinghai-Tibet Plateau of China. Journal of Basic Microbiology, 54(12): 1331-1341.

Hu W G, Zhang Q, Tian T, et al. 2015. The microbial diversity, distribution, and ecology of permafrost in China: a review. Extremophiles, 19(4): 693-705.

Hultman J, Waldrop M P, Mackelprang R, et al. 2015. Multi-omics of permafrost, active layer and thermokarst bog soil microbiomes. Nature, 521(7551): 208-212.

Jansson J K, Taş N. 2014. The microbial ecology of permafrost. Nature Reviews Microbiology, 12(6): 414-425.

Jørgensen C J, Johansen K M L, Westergaard-Nielsen A, et al. 2015. Net regional methane sink in High Arctic soils of northeast Greenland. Nature Geoscience, 8(1): 20-23.

Lipson D A, Haggerty J M, Srinivas A, et al. 2013. Metagenomic insights into anaerobic metabolism along an Arctic peat soil profile. PLoS One, 8(5): e64659.

Mackelprang R, Saleska S R, Jacobsen C S, et al. 2016. Permafrost meta-omics and climate change. Annual Review of Earth and Planetary Sciences, 44: 439-462.

Mackelprang R, Waldrop M P, DeAngelis K M, et al. 2011. Metagenomic analysis of a permafrost microbial community reveals a rapid response to thaw. Nature, 480(7377): 368-371.

Price P B, Sowers T. 2004. Temperature dependence of metabolic rates for microbial growth, maintenance, and survival. Proceedings of the National Academy of Sciences of the United States of America, 101(13): 4631-4636.

Steven B, Niederberger T D, Whyte L G. 2009. Bacterial and archaeal diversity in permafrost// Margesin R. Permafrost Soils. Berlin: Springer Verlag : 59-72.

Tveit A T, Schwacke R, Svenning M M, et al. 2012. Organic carbon transformations in high-Arctic peat soils: key functions and microorganisms. The ISME Journal, 7(2): 299-311.

Willerslev E, Hansen A J, Poinar H N. 2004. Isolation of nucleic acids and cultures from fossil ice and permafrost. Trends in Ecology and Evolution, 19(3): 141-147.

Yergeau E, Bokhorst S, Kang S H, et al. 2012. Shifts in soil microorganisms in response to warming are consistent across a range of Antarctic environments. The ISME Journal, 6(3): 692-702.

Zhang G S, Jiang N, Liu X L. et al. 2008. Methanogenesis from methanol at low temperatures by a novel psychrophilic methanogen, "Methanolobus psychrophilus" sp. nov. , prevalent in Zoige wetland of the Tibetan plateau. Applied and Environmental Microbiology, 74(19): 6114-6120.

第4章
冰川前缘裸露地微生物

过去 100 多年来，全球平均温度升高了 0.85℃（IPCC, 2013）。气候变暖导致了全球范围的冰川退缩，极地冰盖、山地冰川和冰帽的消融也不断加剧。

冰川退缩后暴露出来的地面称为冰川前缘裸露地（图 4.1），冰川的逐渐退缩使得冰川前缘裸露地具有年代序列特性。新暴露出的原生裸露地营养匮乏，没有植物生长，远离人类活动区，是研究生物群落演替的理想区域，近年来已开展了大量相关的微生物生态学研究工作。

图 4.1　天山乌鲁木齐河源 1 号冰川前缘裸露地（数字为冰川前缘裸露地暴露年份）

4.1 冰川前缘裸露地微生物的种类

冰川前缘裸露地环境恶劣，如营养贫瘠、低温、高辐射等，但仍生存有多样性丰富的微生物类群，包括细菌、古菌、真菌和病毒等（Philippot et al., 2011）。

4.1.1 细菌数量及其群落结构特征

冰川前缘裸露地细菌总数量介于 $10^7\sim10^9$ cells/g，可培养细菌数量介于 $10^3\sim10^9$ CFU/g，整体上随着裸露年代的增加呈上升趋势。但 Rotfirnglacier 冰川前缘裸露地中细菌数量呈现先上升后下降的趋势。乌源 1 号冰川和冬克玛底冰川前缘裸露地可培养细菌数量与裸露年代相关性显著（表 4.1）。

细菌的多样性也呈现了同样的变化规律。例如，挪威 Midtre Lovénbreen 冰川、乌源 1 号冰川、安第斯山脉 Puca 冰川等随裸露年代均呈上升趋势（Wu et al., 2012）。但 Damma 冰川表现出相反的规律，细菌多样性随裸露年代而下降（表 4.2）。

冰川前缘裸露地可培养细菌可以归属于以下几个类群，α-变形菌纲、β-变形菌纲、γ-变形菌纲、放线菌门（Actinobacteria）、拟杆菌门（Bacteroides）、栖热菌门（Deinococcus-thermus）、厚壁菌门（Firmicutes）。基于非培养的方法得到了同样的结果。变形菌门包括很多光能自养、光能异养和化能无机营养类型菌，适宜在寡营养的生态环境中生存。放线菌门中大多能形成孢子或菌丝，孢子能够提高细菌的耐受性，菌丝有助于细菌获得更大范围内的营养和水分。拟杆菌菌群具有适应低营养的能力和分解高分子量有机物的能力，成为早期裸露土壤中微生物菌群的主要菌群，冰川前缘裸露地中不同的菌群可能是由地理差异造成的（表 4.3）。

表 4.1　冰川前缘裸露地中微生物数量及其变化规律

冰川	研究方法	微生物	微生物数量及其变化规律
乌源 1 号冰川	分离培养	细菌	$2.19\times10^5\sim3.3\times10^6$ CFU/g，细菌数量呈上升趋势，且与裸露年代相关性显著
中国冬克玛底冰川	分离培养	细菌	$3.00\times10^4\sim4.11\times10^5$ CFU/g，细菌数量呈上升趋势，且与裸露年代相关性显著
中国念青唐古拉山扎当冰川	分离培养	细菌	$10^4\sim10^5$ CFU/g，细菌数量整体呈上升趋势，与裸露年代没有显著相关性
瑞士 Damma 冰川	DAPI 染色	细菌	$8.21\times10^7\sim1.49\times10^9$ cells/（g·dw），细菌数量随裸露年代呈上升趋势
挪威 Midtre Lovénbreen 冰川	分离培养	细菌	$1.00\times10^4\sim1.91\times10^6$ CFU/g，细菌数量呈先上升后下降的趋势
瑞士 Rotfirnglacier	DAPI 染色	细菌	$1.13\times10^8\sim1.9\times10^9$ cells/（g·dw），细菌数量呈先上升后下降的趋势

续表

冰川	研究方法	微生物	微生物数量及其变化规律
乌源 1 号冰川	定量 PCR、克隆文库	氨氧化古菌	$4.41 \times 10^3 \sim 1.38 \times 10^7$ copies/g soil，氨氧化古菌的数量呈上升趋势
瑞士 Damma 冰川	定量 PCR	氨氧化古菌	$3 \times 10^4 \sim 8 \times 10^5$ copies/g soil，氨氧化古菌的数量呈上升趋势
瑞士 Damma 冰川	T-RFLP 和克隆文库	古菌	早期以广古菌门为主向后期以泉古菌 1.1a、1.1b、1.1c（现为奇古菌门）为主演替
挪威 Midtre Lovénbreen 冰川	高通量测序	古菌	早期以广古菌门为主向后期以奇古菌为主演替
南极 Wanda 冰川	高通量测序	古菌	早期为广古菌，后期为广古菌和泉古菌，广古菌丰度无变化规律
奥地利 Rotmoosferner 冰川	DGGE	古菌	早期中期为中温泉古菌泉 1.1b（现为奇古菌门），而后期以中温泉古菌泉 1.1c（现为奇古菌门）为主
奥地利 Ödenwinkelkees 冰川	DGGE	古菌	早期中期为中温泉古菌泉 1.1b（现为奇古菌门），而后期以中温泉古菌泉 1.1c（现为奇古菌门）为主
挪威 Austre Brøggerbreen 冰川	高通量测序	真菌	真菌数量随裸露年代呈上升趋势
挪威 Blåisen 冰川	高通量测序	真菌	数量的整体变化规律都是随裸露年代呈上升趋势
瑞士 Morteratsch 冰川	高通量测序	真菌	数量的整体变化规律都是随裸露年代呈上升趋势

表 4.2 冰川前缘裸露地中微生物多样性、均匀度及其变化规律

冰川	研究方法	微生物	微生物多样性、均匀度及其变化规律
乌源 1 号冰川	高通量测序	细菌	细菌群落多样性指数呈逐渐上升趋势，演替指数非常高并随裸露年代呈下降趋势
瑞士 Damma 冰川	DGGE	细菌	细菌多样性、均匀度均随裸露年代呈下降趋势
挪威 Midtre Lovénbreen 冰川	高通量测序	细菌	细菌群落均匀度指数呈逐渐上升趋势，演替指数非常高并随裸露年代呈下降趋势
秘鲁 Puca 冰川	克隆文库	细菌	细菌多样性、均匀度均随裸露年代呈上升趋势
挪威 Austre Brøggerbreen 冰川	高通量测序	真菌	真菌数量随裸露年代呈上升趋势，且在演替后期外生菌根真菌的多样性最高
挪威 Blåisen 冰川	高通量测序	真菌	多样性高，分布呈异质性，其数量、多样性都随裸露年代呈上升趋势
瑞士 Damma 冰川	T-RFLP 和克隆文库	真菌	多样性随裸露年代呈上升趋势
瑞士 Morteratsch 冰川	高通量测序	真菌	多样性高，分布呈异质性，其数量、多样性都随裸露年代呈上升趋势
挪威 Midtre Lovénbreen 冰川	高通量测序	病毒	环状病毒到长尾噬菌体，随后到微小噬菌体，最后到彩虹病毒的变化规律

表 4.3　冰川前缘裸露地中微生物群落组成

冰川	研究方法	微生物群落组成	优势类群
乌源 1 号冰川	高通量测序	31 个细菌门	变形菌门、放线菌门、拟杆菌门
中国冬克玛底冰川	高通量测序	36 个细菌门	变形菌门、放线菌门、拟杆菌门
挪威 Midtre Lovénbreen 冰川	高通量测序	20 个细菌门	变形菌门、放线菌门、拟杆菌门
乌源 1 号冰川	分离培养	α-变形菌纲、β-变形菌纲、γ-变形菌纲、放线菌门、拟杆菌门、栖热菌门	β-变形菌纲
中国冬克玛底冰川	分离培养	α-变形菌纲、β-变形菌纲、γ-变形菌纲、放线菌门、拟杆菌门、厚壁菌门	放线菌门
中国念青唐古拉山扎当冰川	分离培养	α-变形菌纲、β-变形菌纲、γ-变形菌纲、放线菌门、拟杆菌门、厚壁菌门	放线菌门、α-变形菌纲
新西兰 Fox 冰川	分离培养	α-变形菌纲、β-变形菌纲、放线菌门、拟杆菌门、厚壁菌门和栖热菌门	β-变形菌纲
新西兰 Franz Josef 冰川	分离培养	α-变形菌纲、β-变形菌纲、放线菌门、拟杆菌门、厚壁菌门和栖热菌门	β-变形菌纲
印度 Pindari 冰川	分离培养	变形菌门、放线菌门、拟杆菌门、厚壁菌门	放线菌门、厚壁菌门
瑞士 Damma 冰川	T-RFLP 和克隆文库	泉古菌门 1.1a、1.1b、1.1c（现为奇古菌门），广古菌门	奇古菌门、广古菌门
挪威 Midtre Lovénbreen 冰川	高通量测序	奇古菌门、广古菌门、泉古菌门、Parvarchaeota	奇古菌门、广古菌门
南极 Wanda 冰川	高通量测序	泉古菌门、广古菌门	广古菌门
奥地利 Rotmoosferner 冰川	DGGE	中温泉古菌泉 1.1b、1.1c（现为奇古菌门）	奇古菌门
奥地利 Ödenwinkelkees 冰川	DGGE	中温泉古菌泉 1.1b、1.1c（现为奇古菌门）	奇古菌门
瑞士 Damma 冰川	T-RFLP	子囊菌门、担子菌门	子囊菌门
挪威 Midtre Lovénbreen 冰川	高通量测序	子囊菌门、担子菌门、接合菌门、壶菌门、球囊菌门	子囊菌门、担子菌门
美国 Lyman 冰川	克隆文库	担子菌门、子囊菌门、壶菌门、接合菌门	子囊菌门
中国天山 51 号冰川	高通量测序	长尾噬菌体、短尾噬菌体、肌尾噬菌体	长尾噬菌体
挪威 Midtre Lovénbreen 冰川	高通量测序	肌尾噬菌体、短尾噬菌体、长尾噬菌体、微小噬菌体	微小噬菌体

4.1.2　古菌数量和群落结构特征

　　冰川前缘裸露地古菌主要类群为奇古菌门、广古菌门。但不同冰川有不同的组成，挪威 Midtre Lovénbreen 冰川前缘古菌的主要类群为奇古菌门，其次是广古菌门和Parvarchaeota，泉古菌门的含量最少。在奥地利 Rotmoosferner 冰川和 Ödenwinkelkees 冰川前缘裸露地也发现了大量古菌归属于奇古菌门。但南极 Wanda 冰川前缘裸露地的古菌类群为泉古菌门、广古菌门，以广古菌门为主要类群（Pessi et al., 2015）（表 4.3）。

瑞士 Damma 冰川、挪威 Midtre Lovénbreen 冰川前缘裸露地早期以广古菌门为主，后期向奇古菌门变化。随着演替的进行，南极 Wanda 冰川广古菌门的丰度无变化，后期为广古菌和泉古菌。阿尔卑斯山脉 Damma 冰川前缘裸露地中奇古菌相对丰度随土壤暴露年代而增加，在演替早期优势古菌类群为广古菌门，随暴露时间的增长优势类群逐步变成奇古菌门（表 4.1）。

氨氧化古菌（AOA）数量介于 10^3～10^7 copies/g soil，如乌源 1 号冰川前缘裸露地中氨氧化古菌的含量介于 $4.41×10^3$～$1.38×10^7$ copies/g soil，瑞士 Damma 冰川前缘裸露地中氨氧化古菌的含量介于 $3×10^4$～$8 × 10^5$ copies/g soil，其数量随着土壤裸露年代逐渐增加（Brankatschk et al., 2011）。氨氧化古菌（AOA）的氨氧化作用适宜的 pH 范围较广，但更适应相对低 pH 的环境。冰川前缘裸露地土壤 pH 随着裸露年代逐渐降低，这是导致氨氧化古菌数量增加的因素之一。

4.1.3　真菌数量和群落结构特征

真菌也是冰川前缘裸露地的先锋生物，在冰川前缘裸露地中矿物风化及土壤发育方面发挥着重要作用。菌根真菌促进寄主植物养分吸收、种子萌发和生长，有助于植物在裸露地繁衍。

冰川前缘裸露地真菌数量和多样性都随冰川退缩呈上升趋势，与冰川前缘裸露地中植被关系密切。例如，瑞士 Damma 冰川和 Morteratsch 冰川前缘裸露地中真菌数量、多样性都随裸露年代呈上升趋势（Oehl et al., 2011）。挪威 Austre Brøggerbreen 和 Blåisen 冰川前缘裸露地中根际菌根真菌数量和多样性都随冰川退缩呈上升趋势（Blaalid et al., 2012; Fujiyoshi et al., 2011），在演替后期外生菌根真菌的多样性最高（表 4.1 和表 4.2）。

真菌的主要类群为担子菌门和子囊菌门，由早期子囊菌门占优势向后期担子菌门占优势演替（Zumsteg et al., 2012）。例如，挪威 Midtre Lovénbreen、瑞士 Damma 冰川、美国 Lyman 冰川前缘裸露地演替早期优势类群为子囊菌门，演替后期优势类群为担子菌门（表 4.3）。

4.1.4　病毒数量和群落结构特征

病毒是地球上数量最多的生命体，保守估算全球病毒数量>10^{31}，广泛存在于各种自然生态系统中，在环境的物质循环和能量流动过程中具有重要意义。另外，病毒裂解释放出的 DNA 通过基因水平转移，可能加速微生物的进化，还有可能影响其他微生物的多样性及分布，提高微生物的环境适应性。

挪威 Midtre Lovénbreen 冰川前缘裸露地中的病毒包括双链 DNA 病毒、单链 DNA 病毒、正链 RNA 病毒、负链 RNA 病毒、双链 RNA 病毒、反转录病毒以及卫星病毒，以噬菌体为主，包括肌尾噬菌体（Myoviridae）、短尾噬菌体（Podoviridae）、长尾噬菌体（Siphoviridae）和微小噬菌体（Microviridae）。其中微小噬菌体是 Midtre Lovénbreen 冰川前缘裸露地中丰度最高的病毒类群。而中国天山 51 号冰川前缘裸露地病毒群落主要为长尾噬菌体、短尾噬菌体和肌尾噬菌体（Han et al., 2017）（表 4.3）。

病毒的演替与宿主密切相关。演替早期主要为环状病毒（Circoviridae），演替中期优势类群为长尾噬菌体，演替中后期优势类群为微小噬菌体，在裸露 2000 年的土壤中主要为虹彩病毒（Iridoviridae），其宿主为昆虫和无脊椎动物。目前冰川前缘裸露地病毒相关研究较少，其群落特征和演替规律有待进一步研究（表 4.2）。

4.2　冰川前缘裸露地中微生物与生态环境的相互关系

冰川前缘裸露地环境恶劣，营养贫瘠，制约着微生物的定居和繁殖。冰川前缘裸露地土壤的理化因子与微生物的分布有着密切的关系，土壤微生物作为土壤中能量循环和物质营养的最主要承运者，推动着碳、氮、硫等营养元素的循环，对土壤形成、植物养分的有效分解、肥力的转变、土壤结构的改良、有毒有害物质的净化降解等都起着非常重要的作用。

4.2.1　微生物与碳和氮的关系

冰川前缘裸露地营养贫瘠，碳、氮含量很低，有机碳的含量在 0.1～40mg/g，氮含量通常在 0.1～2mg/g，是微生物和植物生长的限制性因素。微生物是先锋物种，在增加土壤中的碳、氮含量，促进土壤发育，以及后续生物的定居和生长过程中有重要作用。

冰川前缘裸露地土壤碳含量随着土壤裸露年代、生物量和生物活动的增加而增加。演替早期土壤中的碳来源于土壤中光合自养微生物、外源输入（大气沉降）、冰下沉积物等。在秘鲁 Puca 冰川，其早期土壤中的蓝藻和真核微藻对碳的增加具有重要作用。

氮的含量随着土壤裸露年代增加，有植被的土壤氮含量高于无植被的土壤。冰川前缘裸露地中生物可利用氮的形态为硝酸盐、亚硝酸盐、氨氮和有机氮，主要来自蓝细菌和植物根际微生物的固氮作用、有机物的矿化作用、大气沉降的氮元素以及含有氮元素的岩石风化等。例如，瑞士 Damma 冰川、秘鲁 Puca 冰川、美国 Mendenhall 冰川等，固氮微生物在早期土壤氮积累以及促进后续生物的定植和演替中具有重要作用。

土壤碳和氮含量显著影响土壤细菌数量、微生物生物量和多样性等。例如，南极 McLeod 冰川、乌源 1 号冰川和冬克玛底冰川前缘裸露地细菌数量、微生物生物量和多样性随土壤中碳、氮元素的含量变化而改变，与土壤碳、氮含量呈极显著正相关关系

（Göransson et al.，2011）。

4.2.2　微生物与土壤磷含量的关系

冰川前缘裸露地磷含量介于 $2\sim8$ μg/g，可利用的磷通常来自矿物质的风化，磷的含量与区域内岩石的性质密切相关。土壤 pH 随着土壤裸露年代逐渐降低（植物根系分泌物和有机物的分解），矿物溶解逐渐增加，土壤中磷的含量逐渐增加，土壤磷含量的增加又会进一步促进微生物和植物的生长。例如，在瑞士的 Rhône 和 Oberaar 冰川前缘，由微生物介导的生物地球化学风化作用可以释放冰川下岩石中的磷元素。

4.2.3　微生物与土壤硫含量的关系

硫也是一种重要的常量营养元素，存在多种不同的氧化态，硫的形态决定硫的生物可利用性，硫形态的转化涉及的微生物的种类也很广。新西兰 Franz Josef 冰川前缘裸露地在演替早期硫的可用量很低，在中期和后期其他营养成分发生了显著变化，但硫的含量比较稳定。瑞士 Damma 冰川前缘裸露地脱硫细菌的群落结构随着演替的进行发生了显著变化，在新近裸露的土壤中主要为单胞菌属，在后期土壤中主要归属于一组未鉴定类群。但脱硫细菌的多样性不受硫酸盐浓度的影响。冰川前缘裸露地中高脱硫菌多样性表明脱硫菌是冰缘裸露地硫循环的一个关键因素，并且在不同的演替阶段具有特定的脱硫细菌类群。

4.2.4　微生物与土壤酸碱度的关系

土壤的酸碱度直接受到植被、地理环境以及气候条件等多种因素的影响，是影响土壤微生物群落的主要因素之一。冰川前缘裸露地土壤 pH 随裸露年代逐渐降低，微生物的群落结构受到影响。例如，挪威 Midtre Lovénbreen 冰川和乌源 1 号冰川前缘裸露地中酸杆菌门细菌的丰度随土壤 pH 的降低而升高。在冬克玛底冰川前缘裸露地中可培养细菌数量与土壤 pH 存在显著负相关关系，当土壤 pH 逐渐降低时可培养细菌数量逐渐增加。在北极 Finnish Lapland 地区，土壤 pH 显著影响着土壤细菌群落结构，当 pH 在 $4.6\sim5.2$ 时，优势菌群为酸杆菌门，而当土壤的 pH 高于 5.5 时，酸杆菌门的细菌数量会降低。在南极 Alexander Island 地区，细菌群落结构与土壤 pH 存在显著相关性，当 pH 较低时，酸杆菌门为优势菌群。土壤 pH 是影响冰川前缘裸露地中氨氧化菌群落结构的一个重要因素，土壤 pH 高低决定着土壤中氨的存在形式，当 pH 较低时，NH_3 会转变成 NH_4^+，影响氨氧化菌代谢底物 NH_3 的获得，从而影响氨氧化菌的活性和丰度甚至种类。

4.2.5　微生物与土壤酶活性的关系

土壤酶主要来源于微生物、土壤动物、植物根系及植物残体。冰川前缘裸露地由于环境条件恶劣，土壤贫瘠，土壤酶以土壤微生物分泌的酶为主要来源，同时土壤酶活性也能反映土壤微生物群落代谢和营养供给。例如，奥地利 Rotmoosferner 和 Odenwinkelkees 冰川前缘裸露地，随着演替的进行，土壤酶活性和微生物 Shannon 多样性指数持续增长，并于演替中期（50 年）达到稳定状态；乌源 1 号冰川和冬克玛底冰川前缘裸露地土壤可培养细菌数量与脲酶、蔗糖酶、多酚氧化酶、过氧化氢酶和脱氢酶呈极显著正相关关系，表明冰川前缘裸露地土壤酶活性与土壤微生物密切相关（Liu et al.，2012）。

4.2.6　微生物与植物的关系

植物是影响冰川前缘退缩地微生物分布的重要因素，土壤中的有机碳、有机氮、电导率以及含水量等理化性质的改变会对土壤中的微生物产生影响。冰川前缘裸露地土壤微生物群落多样性与植被的覆盖度和植被类型显著相关；植被覆盖度越高、组成越复杂，微生物多样性越高。例如，意大利 Majella Massif 冰川前缘裸露地中 3 种植物具有不同的根际效应，并且微生物群落对土壤性质的改变具有决定性作用；意大利北部南蒂罗尔地区阿尔卑斯山脉 High Matsch Valley 冰川前缘裸露地先锋植物根际土壤细菌群落与非根际土壤存在较大差异，并且不同植物的根际细菌聚类为不同的分支，不同植物的特定根系细菌群落是早期原生演替不同植物和寡营养及恶劣的环境条件共同作用的结果。冰川前缘裸露地真菌对植物的演替具有重要作用，真菌菌丝能够使寄主植物从土壤中获得更多的养分，改善植物的生长发育状况。冰川前缘裸露地中真菌能够显著提高植被对磷元素的吸收，菌根真菌多样性随着植被的增加而增大。例如，美国 Lyman 冰川前缘裸露地深色有隔内生菌在冰川前缘的大多数植物中普遍存在，非菌根植物在演替早期占主导地位，而菌根植物的比例通常随着群落年龄的增大而增大，丛枝菌根在冰川前缘含量很低。

4.2.7　微生物与冻融的关系

冰川前缘裸露地经历频繁的冻融循环，冻融过程通过改变冻土温度、水的相变和迁移、细胞内外渗透压平衡、细胞代谢模式等来影响微生物活性和多样性。

秘鲁 Puca 冰川前缘裸露地冻融过程对细菌群落结构和功能有明显影响，降低了土壤中微生物的数量和活性，高海拔地区土壤中的细菌相比于最近被冰雪覆盖的低海拔地区土壤细菌拥有更高的矿化潜力和更高的微生物量。智利阿塔卡玛 6000 m 海拔处的土壤中隐球菌属（*Cryptococcus*）随着冻融时间的延长而逐渐增加，该菌与来自南极干谷土壤中的菌株类似，具有独特的代谢和温度适应特性，因而其能在恶劣的冻融环境中生存。

4.3　冰川前缘裸露地中微生物演替策略与生物地理格局

4.3.1　冰川前缘裸露地中微生物的演替策略

冰川前缘裸露地中微生物演替过程分为演替早期、中期和后期（图 4.2）。例如，乌源 1 号冰川、冬克玛底冰川、七一冰川、挪威 Midtre Lovénbreen 冰川等冰川前缘裸露地细菌群落的演替过程均可以聚类为演替早期、中期和后期三个阶段。演替早期微生物群落结构变化快，群落演替指数高，演替中期微生物群落相对稳定，群落演替指数逐渐降低，演替后期微生物群落结构趋于稳定，群落演替指数也趋于稳定。例如，乌源 1 号冰川和挪威 Midtre Lovénbreen 冰川前缘裸露地细菌群落的年均演替指数在早期为 0.061～0.190，中期为 0.017～0.029，后期为 0.007～0.009（Schütte et al., 2010）。

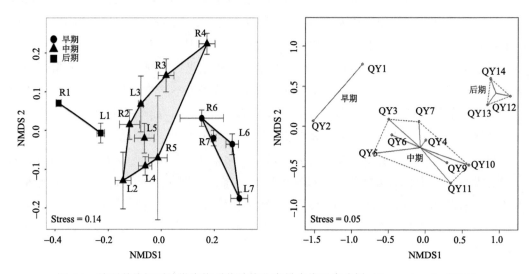

图 4.2　冰川前缘裸露地微生物群落结构非度量多维尺度分析（Kazemi et al., 2016）

r-策略和 K-策略是生态学中关于"种群繁殖"的一种理论。其中，r-策略者是新生境的开拓者，但存活要靠机会，所以在一定意义上它们是"机会主义者"，其生长很容易出现突然暴发和快速消亡；K-策略者是稳定环境的维护者，在一定意义上，它们是保守主义者，生存环境发生灾变后，很难迅速恢复，如果再有竞争者抑制，就可能趋向灭绝。r-策略和 K-策略是表示生物对它所处生存条件的不同适应方式。冰川前缘裸露地细菌演替策略出现了 r-策略到 K-策略的变化，演替前期为 r-策略（机会主义）细菌占优势，演替后期为 K-策略（保守主义者）占优势，即演替前期的迅速定居细菌（机会主义细菌）比后期多。

确定性与随机性是影响微生物群落组合的两种过程。冰川前缘裸露地微生物演替过程在早期随机性大，晚期环境过滤性高。细菌和真菌在演替早期有不同的演替轨迹，细菌群落结构更多由确定性过程决定，而真菌群落则由更多的随机过程决定（Brown and Jumpponen, 2014）。早期定殖的细菌包括光能自养菌、异氧菌或化能自养菌，其中许多可以固定大气中的氮，而真菌都是异养的，依赖于固定的碳源和氮源。早期冰川前缘裸露地真菌可能处于休眠状态，因此真菌的扩散随机性更大。

4.3.2　冰川前缘裸露地生物地理格局

生物地理学是研究生物（包括种群、群落等不同层次）的地理分布格局及成因的科学，是生物学与地理学的交叉学科。研究并认知微生物的生物地理格局及其形成机制，将有助于人们对生态系统的管理和功能调控，以利于应对全球性气候变化等因素引起的重大环境问题。

传统的生物地理学集中在大型生物的地理分布格局及成因的研究上，对微生物生物地理学研究薄弱，甚至存在争议。有人提出"对于任何小于 1 mm 的生物，没有什么生物地理分布格局可言"，但该观点广受质疑，也有人认为微生物群落在空间分布上不是一无差别的。近些年得益于分子生物学手段的进步，越来越多的新研究也显示，在不同的分类阶元和空间尺度上，多种非寄生微生物的丰富度和多样性有着不同分布规律，而不是随机的分布。

全球多条冰川前缘裸露地放线菌群结构研究表明，在全球尺度上放线菌在门分类水平和纲分类水平都存在显著距离-衰减的生物地理学特征，但丰度较低的纲表现出的生物地理学特征也较弱，说明地理隔离的影响大于土壤发育时间（不同演替阶段）对放线菌群落结构的影响（Zhang et al., 2016）。对南极、北极和亚洲冰川蓝藻的生物地理分布研究表明，冰川蓝藻具有生物地理分布特征，特定区域有特有的蓝藻类群，且区域间的迁移是有限的，地理区域之间的选择压力是形成蓝藻生物地理分布特征的强大驱动力。除地理尺度差异造成微生物分布差异以外，更多的研究也发现了微生物群落组成在盐度、深度、酸碱度、纬度等环境地理因子上的变化，这些研究发现也支持了微生物具有生物地理分布格局这一观点。

思　考　题

1. 冰川前缘裸露地微生物的主要种类及其基本的演替特征和演替策略是什么？

2. 冰川前缘裸露地微生物的生态学功能是什么？

参 考 文 献

Blaalid R, Carlsen T O R, Kumar S, et al. 2012. Changes in the root-associated fungal communities along a primary succession gradient analysed by 454 pyrosequencing. Molecular Ecology, 21(8): 1897-1908.

Brankatschk R, Töwe S, Kleineidam K, et al. 2011. Abundances and potential activities of nitrogen cycling microbial communities along a chronosequence of a glacier forefield. The ISME Journal, 5(6): 1025-1037.

Brown S P, Jumpponen A. 2014. Contrasting primary successional trajectories of fungi and bacteria in retreating glacier soils. Molecular Ecology, 23(2): 481-497.

Fujiyoshi M, Yoshitake S, Watanabe K, et al. 2011. Successional changes in ectomycorrhizal fungi associated with the polar willow <i>Salix polaris in a deglaciated area in the High Arctic, Svalbard. Polar Biology, 34(5): 667-673.

Göransson H, Venterink H O, Bååth E. 2011. Soil bacterial growth and nutrient limitation along a chronosequence from a glacier forefield. Soil Biology and Biochemistry, 43(6): 1333-1340.

Han L, Yu D, Zhang L, et al. 2017. Unique community structure of viruses in a glacier soil of the Tianshan Mountains, China. Journal of Soils and Sediments, 17(3): 852-860.

IPCC. 2013. Climate Change 2013: The Physical Science Basis. Working Group I Contribution to the Fifth Assessment Report of the Intergovernmental Panel on Climate Change.

Kazemi S, Hatam I, Lanoil B. 2016. Bacterial community succession in a high-altitude subarctic glacier foreland is a three-stage process. Molecular Ecology, 25(21): 5557-5567.

Liu G, Hu P, Zhang W, et al. 2012. Variations in soil culturable bacteria communities and biochemical characteristics in the Dongkemadi glacier forefield along a chronosequence. Folia Microbiologica, 57(6): 485-494.

Oehl F, Schneider D, Sieverding E, et al. 2011. Succession of arbuscular mycorrhizal communities in the foreland of the retreating Morteratsch glacier in the Central Alps. Pedobiologia, 54(5-6): 321-331.

Pessi I S, Osorio-Forero C, Galvez E J, et al. 2015. Distinct composition signatures of archaeal and bacterial phylotypes in the Wanda Glacier forefield, Antarctic Peninsula. FEMS Microbiol Ecol, 91(1): 1-10.

Philippot L, Tscherko D, Bru D, et al. 2011. Distribution of high bacterial taxa across the chronosequence of two alpine glacier forelands. Microbial Ecology, 61(2): 303-312.

Schütte U M E, Abdo Z, Foster J, et al. 2010. Bacterial diversity in a glacier foreland of the high Arctic. Molecular Ecology, 19(Suppl): 54-66.

Wu X, Zhang W, Liu G, et al. 2012. Bacterial diversity in the foreland of the Tianshan No. 1 glacier, China. Environmental Research Letters, 7 (1): 014038.

Zhang B, Wu X, Zhang G, et al. 2016. The diversity and biogeography of the communities of Actinobacteria in the forelands of glaciers at a continental scale. Environmental Research Letters, 11 (5): 054012.

Zumsteg A, Luster J, Göransson H, et al. 2012. Bacterial, archaeal and fungal succession in the forefield of a receding glacier. Microbial Ecology, 63 (3): 552-564.

第5章
冰下湖微生物

冰川和极地冰盖底部有丰富的水体，具有湖泊特征，称为冰下湖（subglacial lake）。在众多的冰下湖之中，位于南极大陆的 Vostok 湖是目前所知最大的冰下湖。冰下湖具有高压、贫营养和完全黑暗等特点，对生命是一种极端挑战。在迄今为止所研究的冰下环境（如基底冰层、沉积物核心、冰下湖泊和冰川边缘的冰下流出物）中都发现了微生物或与微生物相关的活动。冰下湖微生物从矿物质中获取营养物质，利用还原铁硫和氮化合物作为能源为冰河床的初级生产提供原材料。

5.1 冰下湖生境

在数千米深的冰下，一些河流与一系列"湖泊"连接在一起，生存着以矿物质为营养来源的微生物及异养微生物。

5.1.1 南极冰下湖

南极的年平均地表温度约为–37℃。近年来陆续在南极发现了 400 多个冰下湖泊（Achberger et al., 2016）。其中代表性湖泊有 Vostok 湖、Whillans 湖和 Ellsworth 湖 [Cavicchioli, 2015；图 5.1（a）]。

2005 年发现，Vostok 湖中有潮汐现象，随着太阳和月亮相对位置的改变，湖水表面高度有 12mm 的升降[图 5.1（b）]。潮汐可以使整个湖泊中的水产生运动，从而促进湖泊地球化学物质循环。

Whillans 湖[Subglacial Lake Whillans，SLW；图 5.1（c）]位于南极洲西部赛普尔海岸的厚达 800m 的 Whillans 冰流之下（Whillans Ice Stream，WIS），是一个较小的开放湖泊（最大面积约 60km^2，Purcell et al., 2014）。

Ellsworth 湖是位于南极洲西部的天然淡水冰下湖，处于 3.4km 的冰层之下。长 10km，面积为 30km^2，最大水深为 150m，海拔为 1400m，在 1996 年由英国科学家命名。

血瀑布（Blood Falls）位于南极西部麦克默多干旱河谷的泰勒冰川（Taylor Glacier）。冰川流淌出鲜红色液体，好像血液一般，因此得名"血瀑布"。南极的先驱者们首先将红色归因于红藻，但后来证明这是由氧化铁造成的（Chua et al., 2018）。

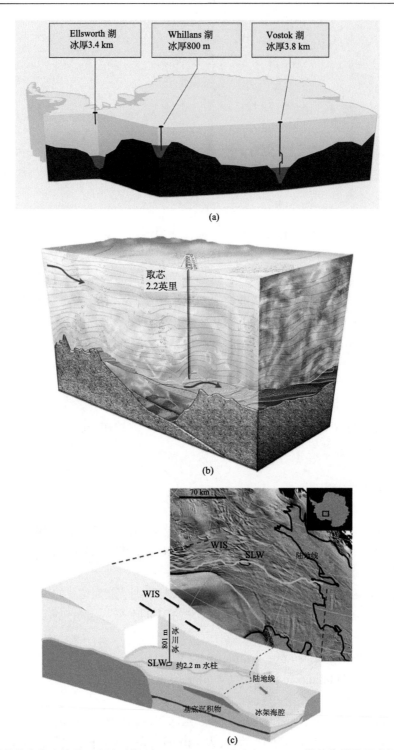

图 5.1 南极最具有代表性的三个冰下湖（Cavicchioli, 2015）（a）；Vostok 湖的位置及示意图（Wikipedia, 2018）（b）；Whillans 冰下湖（SLW）的位置及 Whillans 冰流示意图（Purcell et al., 2014）（c）

1 英里=1609.344m，全书同。

血瀑布因水中缺氧富铁，在大气中被氧化时变成橙色或红色而得名（图 5.2）。富铁高盐水从冰瀑布的小裂缝中不断涌出。咸水源是一个未知大小的冰下湖，距离血瀑布几公里处，覆盖着大约 400m 厚的冰（Mikucki et al., 2004）。冰下盐水的盐度在正常大气压下可以保持约–6℃的结冰点温度，为微生物生命提供稳定的水生栖息地。

图 5.2　泰勒冰川的血瀑布（Mikucki et al., 2004）

5.1.2　北极冰下湖

北极地区的冰下湖主要分布在格陵兰岛。自 20 世纪 60 年代中期以来，格陵兰岛已经开展了多次冰芯钻探工程。发现液态水存在于冰川床的某些位置。

机载无线电回声测深（radio echo sounding）确定了格陵兰冰盖西缘下有两个湖泊，其面积均小于 10 km^2，分别位于 757m 和 809m 的冰盖之下（Palmer et al., 2015）。这些冰下湖显示出活跃湖泊的特征（即周期性地进行填充和排水循环）。这些冰下湖接近冰川特征（例如，湖泊、裂缝和冰川竖井），意味着这些水文系统通过地表融化水被输送到冰层底部而得以维持。格陵兰冰下湖环境与南极冰下湖不同，它们位于更薄、更冷的冰层之下，表明两极冰下湖的性质和起源都不相同（Palmer et al., 2015）。高分辨率的数字高程模型确定了该区域有可能还存在着多个小型湖泊。

5.2　冰下湖微生物的分布特征

在众多冰下湖中，研究最多的是南极的 Vostok 湖，对从冰层底部钻取的吸积冰[图5.3（a）]的研究表明，尽管其中的微生物含量极低[D'Elia et al., 2008；图 5.3（b）]，但依然从中检测并分离到了嗜热变形杆菌 *Hydrogenophilus thermoluteolus* 等微生物类群。

(a)

(b)

图 5.3　Vostok 湖吸积冰（a）；分离于 3590m 深的冰样中的细菌（Siegert et al., 2001）（b）

5.2.1　冰下湖微生物的丰度及形态

Vostok 湖中的微生物含量极低，大约是 400 CFU/mL。Whillans 湖水柱样品的细胞 ATP 浓度为 3.7 pmol /L，平均微生物丰度为 1.3×10^5 CFU /mL。该数值与世界其他地方的冰川下生态系统和地下水研究结果类似或略高。例如，在冰岛的 Grímsvötn 湖水中发现的微生物数量为 2.1×10^4 cells/mL；湖泊沉积物中为 3.8×10^7 个 cells/g；而在冰岛的西冰湖的不同冰下火山湖中微生物丰度为 $4.7 \times 10^5 \sim 5.7 \times 10^5$ cells/mL（Palmer et al., 2015）。南极洲麦克默多干旱河谷冰下流出的血瀑布在 2004 年的流出物中平均含有微生物丰度为 6×10^4 cells/mL。

冰下湖微生物具有丰富的形态特征，包括长丝和短纤维，细棒和粗棒、螺旋、弧菌、球菌和双球菌等类型（Christner et al., 2014），影响微生物养分利用、运动、表面附着、细胞分裂和被动扩散。一般而言，生长于能量受限或营养缺乏环境的细胞，形态较小，<200 nm。在 Whillans 冰下湖样品中（营养相对较丰富），细胞相对较大，单细胞球状微生物直径达 1 μm，棒状细菌长 3μm（图 5.4）。并发现了多细胞连成的长丝（Mikucki et al., 2016），长度为 7～62 μm，宽度为 300～400 nm，以增加细胞表面积与体积的比率，这

是细胞对营养限制的响应。一些冰下细菌具有鞭毛结构（图 5.5），帮助生物体运动，它可能有助于在整个水体中获得营养或趋化作用（Mikucki et al. 2016）。与脱硫菌密切相关的类群也存在于冰下湖样品中，虽然相对丰度较低（0.001%～0.003%）。

图 5.4　冰下湖细胞形态多样性（Christner et al., 2014）

（a）荧光显微图；黄色箭头表示：（b）杆状细胞，（c）弯曲杆状细胞，（d）球状细胞

刻度尺为 2μm

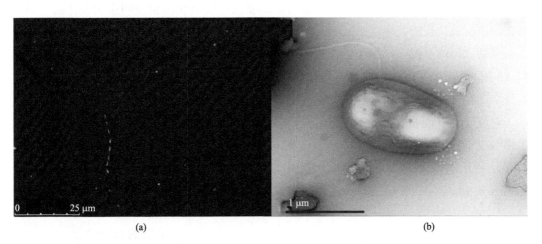

图 5.5　冰下湖 SyBr 金核酸染色微生物细胞的荧光显微镜图像（a）和微生物细胞的透射电子显微镜图像（b）（Mikucki et al., 2016）

5.2.2 冰下湖异养微生物的分布

Vostok 湖吸积冰样品中具有明显的异养活性，主要为变形菌门（Proteobacteria，α-变形菌纲、β-变形菌纲、γ-变形菌纲和 δ-变形菌纲）、厚壁菌门（Firmicutes）、放线杆菌门（Actinobacteria）和拟杆菌门（Bacteroidetes; Bulat et al., 2004）。对不同深度的吸积冰进行研究，结果表明湖水中有机碳平均浓度分别为 86μmol/L 和 160μmol/L、原核细胞为 150CFU/mL 和 460CFU/mL。Vostok 湖吸积冰含有来自不同种类的生物体的核酸（D'Elia et al., 2008），包括来自厌氧、需氧、嗜冷、嗜热、嗜盐、嗜碱、嗜酸、海洋和沉积物物种的序列，其中约 94%的类群为细菌（Shtarkman et al., 2013）。

Whillans 湖中大约存在 10^5cells/mL 数量级的微生物。样品中有足够的有机碳。相对而言，Whillans 湖水中的高溶解有机碳（DOC）浓度（221± 55μmol/L）也可以支持一定的异养活性，并且发现该湖泊中氮的生物可利用性低，磷的生物可利用性高于氮。Whillans 湖的细菌种类主要是变形菌门（γ、β、δ 纲）和放线菌门（Achberger et al., 2016），主要为极地单胞菌（*Polaromonas*）、*Sideroxydans*、*Albidiferax*、*Candidatus Nitrotoga* 和 *Nitrosoarchaeum* 等。还发现少量古菌，主要包括奇古菌（Thaumarchaeota）和广古菌（Euryarchaeota），未检测到有真核生物存在。

5.2.3 冰下湖自养微生物的分布

在 Whillans 湖沉积物与水的界面处（0～2cm）存在着大量的甲基杆菌属（*Methylobacter*）和硫杆菌属（*Thiobacillus*），而较深的沉积物则是由放线杆菌门、硝化螺旋菌门（Nitrospirae）和 JS1 门占优势（Achberger et al., 2016）。这些类群主要通过利用岩石中的铁、硫和氮化合物生存。此外，丰富的甲烷氧化菌也表明在南极冰盖下面有潜在的甲烷氧化反应发生（Michaud et al., 2017）。

泰勒冰川的血瀑布样品中的微生物数量约为 6×10^4 CFU/mL，主要种类包括变形菌门（β 纲、δ 纲和 γ 纲）和拟杆菌门细菌，大多数类群与海洋微生物类群系统发育相关。此外，还存在与铁、硫循环相关的微生物功能类群（Chua et al., 2018）。

对位于 Grímsvötn Caldera、Skaftárkatlar Cauldrons 的三个冰下湖的研究表明，其微生物组成不同于南极冰下湖。细菌占优势，未检测到古菌类群，存在的化能自养微生物主要是利用氢或硫作为电子供体的自养微生物，例如醋酸杆菌（*Acetobacterium*）、*Sulfurospirillum*、*Sulfuricurvum* 和 *Desulfosporosinus*。

5.3　冰下湖微生物与环境的相互作用

冰下湖中存在微生物活性。微生物利用冰川床基岩中的矿物质，介导冰下湖碳、氮、铁、硫等生物地球化学过程，影响着冰下湖微生物生态系统。

5.3.1　冰下湖微生物的异养过程

缺乏光照限制了光合固碳能力，冰下湖环境中有机碳含量极低。有机碳浓度比地表环境低很多：Vostok 湖为 7～250 μmol/L，Whillans 湖为 220 μmol/L，但是这样的环境条件依然能够支持异养生长，并且能够代谢葡萄糖和乙酸酯。

冰下湖环境中的异养活性依赖于化能自养微生物所产生的有机物质。冰下异养类群与其潜在的功能具有相关性。例如，极地单胞菌（*Polaromonas*）和 *Albidiferax ferrireducens* 是冰下湖优势类群。前者可降解多种碳水化合物，后者以铁为电子受体，以乙酸为碳源进行异养生长（Christner et al., 2006）。

冰下湖极端环境中的异养代谢率通常也是极低的，如在 Whillans 湖中异养代谢速率为 $2 \times 10^{-3} \sim 8 \times 10^{-3}$ fmol C/（d·cell），远低于海面环境[0.1～10 fmol C/（d·cell）]；添加碳、氮、磷并不能刺激 Whillans 湖中异养活性的速率提高。温度也不是其主要限制因素，在 10℃时，温度每升高 1℃，生产力最多增加 5%，并且群落参数 Q_{10}（温度每升高 10℃，群落呼吸增加的倍数，表示群落呼吸对温度变化的反应强度，即群落呼吸的温度敏感性）仅为 2.13（Vick-Majors et al., 2016）。另外，冰下湖中的能量大多分配到了化解自养代谢，而非异养代谢。因此，能量是冰下湖异养代谢的限制因素。对泰勒冰川的血瀑布类似的研究报道也显示，化学自养与异养生产的比率为 0.5，这表明，不同的冰下环境具有不同的生态条件，从而影响其生物代谢组成（Chua et al., 2018）。

5.3.2　冰下湖微生物的自养过程

微生物一方面通过新陈代谢直接影响地球化学循环，例如微生物介导了硫化物被氧化产生硫酸盐的过程，另一方面间接地通过增强矿物风化而影响生物地球化学循环。冰下水体的氧含量受到湖水的输入和排水的影响，从而影响其中可能的代谢类型。因此，通过检测从冰下水体输出的地球化学最终产物可以推断冰下水体中的代谢类型（例如，血瀑布这种有输出特征的冰下水体）。冰川床上的硫化物氧化和有机碳再矿化需要消耗氧气，最终产生缺氧的生境（Christner et al., 2014）。

从冰下沉积物中分离出一种自养细菌，该细菌可将硫代硫酸盐氧化还原为氧、硝酸盐或亚硝酸，将冰川下的硫和氮的循环联系起来。大多数硫化物和铁氧化细菌是 β-变形

菌纲和 γ-变形菌纲的成员，在许多冰下湖环境中发现与硫杆菌（*Thiobacillus* ）和 *Sideroxydans* 有关的类群，它们可为生态系统提供含量很低却稳定的碳源（Michaud，2017）。

硫化物和铁的氧化可能为 Vostok 湖化学营养代谢网络的关键因素。氧和硝酸盐等电子受体通过基底冰的融化不断地被引入湖水中，硫酸盐通过基岩中硫化矿物的化学风化作用而产生（Bulat et al.，2004）。冰川下的火山口湖中，推测地热能从高焓地幔过程（high-enthalpy mantle processes，能够产生更高的 3He/4He 比值的地幔对流过程）或地震构造活动中引入大量的地球化学能和 CO_2，并能支持类似于在深海热液喷口附近发现的生态系统。然而，对于大多数冰下湖来说，冰川作用所提供的盐类和氧化还原作用才是耦合微生物代谢的冰下湖泊生态系统中的关键（Mitchell et al.，2013）。

对 Whillans 湖下面的 15 cm 沉积物的分析发现，其中产生过量硫酸盐，同时伴有 O_2 耗竭，以及与硫杆菌（*Thiobacillus* ）和 *Sideroxydans* spp.相关物种的丰度升高；对 Whillans 湖上面的 6 cm 水样分析也发现了具有微生物活性的硫化物氧化现象。此外，硫铁氧化的代谢活性可以通过硫化物氧化过程间接影响矿物风化，例如 Si 浓度的峰值与硫杆菌 rRNA 丰度的峰值具有一致性。

生活在深海中的微生物可以将随着海面降水沉降下来的地表生物的残留物作为能源。相比之下，在冰下湖泊的深处，淡水环境中的微生物必须利用由冰块与基岩摩擦破碎的矿物中所含的能源，包括硫化物（例如，在许多岩石类型中发现的黄铁矿）和还原性铁、铁（II）。这些还原性铁和硫化合物，连同死亡的微生物，可以在水中被氧化。这一过程释放了驱动微生物生命循环所必需的能量，这些活的微生物能够进一步催化矿物氧化反应。它们附着在矿物颗粒上，并帮助它们溶解。因此可以说，微生物是"以岩石为食"的。已经在冰下湖中发现了许多促进这些类型反应的微生物类群（Mitchell et al.，2013）。

冰下湖生态系统氮匮乏，氮来源于冰川融水，云母和长石的风化，以及硝酸盐（NO_3^-）和铵（NH_4^+）等溶解氮源。冰下水样中含有丰富的硝化微生物，其将铵离子氧化成亚硝酸盐和硝酸盐，这表明从沉积物中扩散出来的铵，通过化能自养的过程参与微生物循环（图 5.6）。另外，冰川破碎沉积物是磷的有效来源，它是微生物生长的关键营养素（Christner et al.，2014）。

冰下湖水下沉积表层有机质中含有较高的碳氮比。沉积物中的氮，以铵和其他溶解氮的形式回到水中；碳以乙酸盐和甲酸盐形式的溶解物释放于水中。沉积物中释放的碳氮是微生物生长的主要来源。

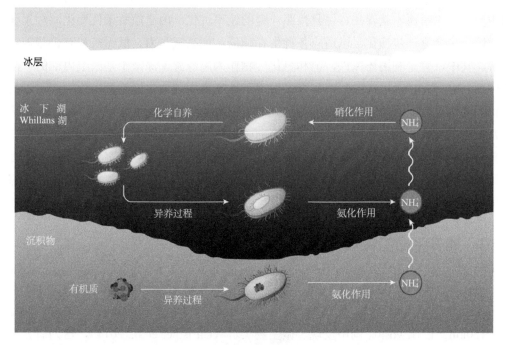

图 5.6　Whillans 湖铵根离子的循环过程（Tranter, 2014）

5.4　冰下湖微生物研究的意义

5.4.1　稀有基因资源

冰下湖是一个寡营养的极端环境，孕育了特殊的极端环境微生物。冰下湖微生物能够在高压、持续寒冷、低养分摄入、终年黑暗的条件下生存（Margesin et al., 2011），因此冰下湖微生物形成了独特的代谢方式和耐受机制，蕴藏着特殊的基因资源（Cowan et al., 2011）。例如，从冰下湖中筛选到了与低温微生物矿化和物质循环有关的酶类，通过基因工程改造，其有可能被用于极端环境条件下的微生物采矿（Yadav et al., 2017）。

5.4.2　生命演化的证据

冰下湖与地球表面的微生物起源于同一时期，它们被冰盖冷藏起来，与外界相对隔绝。为探索生命演化提供场所。

南极冰盖中最古老的冰约 100 万年，可以认为 Vostok 湖微生物被隔离的时间也大约为 100 万年。湖泊中的建群物种可能更古老。如果原始微生物来自南极的基岩或沉积物，其可能在 4000 万～3500 万年前就已经到达了 Vostok 湖（Christner et al., 2014）。在冰下湖生境中，生命原本就存在，并且按照一定的速率进化。由于地质条件变化，湖水被冰盖封闭，生命进一步演化，以适应各种生存障碍，如高氧张力、低无机和有机营养物浓度等。其中，对于利用还原铁，硫和氮化合物作为能源源于深藏于基因组内部的一些保守序列（Mitchell et al., 2013），在许多发现于地球表面其他生境的微生物中都可以找到类似的同源序列。微生物在地球上诞生之初所面临的环境可能比冰下湖严酷得多。按照通常碱基发生变异的速率来看，被迫隔离的时间还不足以让其中的微生物突变产生具有全新功能的基因，只能说存在于微生物基因组当中帮助那些适应恶劣外界环境的基因被逐渐激活表达，并且这些被激活的遗传元件在冰下湖不同种类的微生物之间平行转移，以适应冰下的严酷环境。

5.4.3　地外生命的探索

Vostok 湖环境在冰层下被封存了数百万年（Cowan et al., 2011），环境类似于木星（Jupiter）的卫星（木卫二，图 5.7）。木卫二的冰壳厚度为 15～25km，液态海洋深度为 60～150km。已在 Vostok 湖中发现了微生物类群（Christner et al., 2014），这为研究木卫二是否存在生命现象提供线索。

图 5.7　木卫二的冰下"大湖"，　科学家推测，在木卫二冰层的浅层区域还有更多的冰下湖存在（图片来自 NASA）

冰下环境样品分析有很大的价值。这些独特的环境可能保存着许多解决有关微生物生命、进化和适应，过去 6500 万年中的南极和全球气候，冰下水环境及其相关水文和生物学方面的问题所需的地球化学过程的重要信息。

思 考 题

1. 冰下湖生境的主要特征是什么？
2. 冰下湖微生物依赖什么生存？
3. 冰下湖有存在大型生命形式的可能性吗？

延 伸 阅 读

Achberger A M, Michaud A B, Vick-Majors T J，et al. 2017. Chapter 5. Microbiology of Subglacial Environments. Psychrophiles: From Biodiversity to Biotechnology. Second Edition. Berlin: Springer.

参 考 文 献

Achberger A M, Christner B C, Michaud A B, et al. 2016. Microbial community structure of subglacial lake whillans, west antarctica. Frontiers in Microbiology, 7: 1457.

Bendia A G, Signori C N, Franco D C, et al. 2018. A Mosaic of geothermal and marine features shapes microbial community structure on deception island volcano, antarctica. Frontiers in Microbiology, 9: 899.

Bulat S A, Alekhina I A, Blot M, et al. 2004. DNA signature of thermophilic bacteria from the aged accretion ice of Lake Vostok, Antarctica: Implications for searching for life in extreme icy environments. International Journal of Astrobiology, 3(1): 1-12.

Cavicchioli R. 2015. Microbial ecology of antarctic aquatic systems. Nature Reviews Microbiology, 13(11): 691-706.

Christner B C, Priscu J C, Achberger A M, et al. 2014. A microbial ecosystem beneath the West Antarctic ice sheet. Nature, 512(7514): 310-313.

Christner B C, Royston-Bishop G, Foreman C M, et al. 2006. Limnological conditions in subglacial Lake Vostok, Antarctica. Limnology and Oceanography, 51(6): 2485-2501.

Chua M J, Campen R L, Wahl L, et al. 2018. Genomic and physiological characterization and description of Marinobacter gelidimuriae sp. nov., a psychrophilic, moderate halophile from Blood Falls, an antarctic subglacial brine. FEMS Microbiology Ecology, 94(3): fiy021.

Cowan D A, Chown S L, Convey P, et al. 2011. Non-indigenous microorganisms in the Antarctic: Assessing the risks. Trends in Microbiology, 19(11): 540-548.

D'Elia T, Veerapaneni R, Rogers S. 2008. Isolation of Microbes from Lake Vostok Accretion Ice. Applied and Environmental Microbiology, 74(15): 4962-4965.

Fraser C I, Connell L, Lee C K. 2018. Evidence of plant and animal communities at exposed and subglacial (cave) geothermal sites in Antarctica. Polar Biology, 41(3): 417-421.

Kayani M R, Doyle S M, Sangwan N, et al. 2018. Metagenomic analysis of basal ice from an Alaskan glacier. Microbiome, 6(1): 123.

Klokočník J, Kostelecký J, Cílek V, et al. 2018. Gravito-topographic signal of the Lake Vostok area, Antarctica, with the most recent data. Polar Science, 17: 59-74.

Luigimaria B, Ciro S, Laura S, et al. 2018. A thin ice layer egregates two distinct fungal communities in Antarctic brines from Tarn Flat (Northern Victoria Land). Scientific Reports, 8(1): 6582.

Margesin R, Miteva V. 2011. Diversity and ecology of psychrophilic microorganisms. Research in Microbiology, 162(3): 346-361.

Michaud A B, Dore J E, Achberger A M, et al. 2017. Microbial oxidation as a methane sink beneath the West Antarctic Ice Sheet. Nature Geoscience, 10(8): 582-589.

Mikucki J A, Foreman C M, Sattler B, et al. 2004. Geomicrobiology of Blood Falls: An iron-rich saline discharge at the terminus of the Taylor Glacier, Antarctica. Aquat Geochem, 10(3): 199-220.

Mikucki J A, Lee P A, Ghosh D, et al. 2016. Subglacial Lake Whillans microbial biogeochemistry: A synthesis of current knowledge. Philosophical Transactions A, 374: 20140290.

Mitchell A C, Lafrenière M J, Skidmore M L, et al. 2013. Influence of bedrock mineral composition on microbial diversity in a subglacial environment. Geology, 41(8): 855-858.

Palmer S, McMillan M, Morlighem M. 2015. Subglacial lake drainage detected beneath the Greenland ice sheet. Nature Communication, 6: 8408.

Purcell A M, Mikucki J A, Achberger A M, et al. 2014. Microbial sulfur transformations in sediments from Subglacial Lake Whillans. Frontiers in Microbiology, 5: 594.

Selbmann L, Pacellia C, Zucconi L, et al. 2018. Resistance of an Antarctic cryptoendolithic black fungus to radiation gives new insights of astrobiological relevance. Fungal Biology, 122(6): 546-554.

Shtarkman Y M, Kocer Z A, Edgar R, et al. 2013. Subglacial lake Vostok (Antarctica) accretion ice contains a diverse set of sequences from aquatic, marine and sediment-inhabiting bacteria and eukarya. PLoS One, 8(7): e67221.

Siegert M J, Ellis-Evans J C, Tranter M, et al. 2001. Physical, chemical and biological processes in Lake Vostok and other Antarctic subglacial lakes. Nature, 414(6864): 603-609.

Vick-Majors T J, Mitchell A C, Achberger A M, et al. 2016. Physiological ecology of microorganisms in Subglacial Lake Whillans. Frontiers in Microbiology, 7: 1416-1457.

Yadav A N, Verma P, Kumar V, et al. 2017. Extreme cold environments: A suitable niche for selection of novel psychrotrophic microbes for biotechnological applications. Advances in Biotechnology & Microbiology, 2: 555584

第6章
海冰与海底多年冻土微生物

6.1 海冰微生物

海冰（sea ice）即海洋表面海水冻结形成的冰，可分为漂浮冰和陆地冰两大类。作为地球上几种主要的生境之一，在冬季可覆盖地球表面的13%。与淡水冰不同，由于海冰含有盐分（3‰～7‰），因此海冰冻结温度低于0℃，海水冻结时水分被挤出，部分盐分被包围在冰晶之间的空隙形成"盐泡"，同时未逸出的气体也被包围在冰晶之间形成"气泡"，因此冰晶间大小不等的"盐泡"和"气泡"以及冰柱中的"卤水通道"可为海冰微生物提供赖以生存的温度、盐度和营养物质，是海冰微生物的主要栖息地（图6.1）。通常海冰微生物类群包括细菌、古菌、藻类和少数病毒，其中细菌和藻类在数量和种类上占绝对优势（Andrew et al., 2017）。

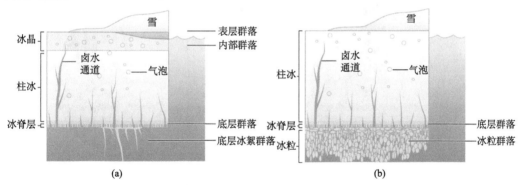

图6.1 漂浮冰和陆地冰结构模式图（引自 Kevin，2014）

（a）漂浮冰；（b）陆地冰

6.1.1 海冰微生物的种类

1. 海冰细菌和古菌

海冰细菌和古菌个体微小，但数量及多样性丰富，通常海冰细菌细胞总数介于10^3～

10^7cells/mL。主要包括四大类：变形菌门（Proteobacteria）、拟杆菌门（Bacteroidetes）、厚壁菌门（Firmicutes）和放线菌门（Actinobacteria）。其中包含许多独特的种属，例如只在海冰及附近海水发现的成气泡菌（gas-vacuolate bacteria）。这些细菌在高于 20℃的条件下较难存活，最适生长温度大多在 7~8℃，*Polaromonas vacuolata* 的最适生长温度甚至低至 4℃，而其生长上限温度也只有 10℃左右（Anders et al., 2015）。此外，南北两极细菌类群在分类学上极为相似，其相似性最高可达 100%。海冰细菌大多为异养型，主要包括 γ-变形菌纲、α-变形菌纲和拟杆菌门（图 6.2）。其中 γ-变形菌纲主要由 4 个属组成，分别是假交替单胞菌属（*Pseudoalteromonas*）、科尔韦尔氏菌属（*Colwellia*）、希瓦氏菌属（*Shewanella*）、海杆菌属（*Marinobacter*）；α-变形菌纲主要由十八杆菌属（*Octadecabacter*）和亚硫酸杆菌（*Sulfitobacter*）组成；拟杆菌门则主要由黄杆菌属（*Flavobacterium*）和极地杆菌属（*Polaribacter*）组成，此外也发现了数量相对较少的 β-变形菌纲（Betaproteobacteria）、放线菌门和厚壁菌门等海冰微生物类群，上述海冰微生物群落组成均随季节更替呈规律性变化（Jeff et al., 2016）。通常漂浮冰中 γ-变形菌纲和拟杆菌门为优势种群，而周边海水中 α-变形菌纲在数量上占主导。在北极陆地冰中也分离出极少数来源于陆地淡水的光合原核生物，例如蓝细菌（Cyanobacteria）和紫色硫细菌（Chromatiaceae）。极地海冰古菌数量约占细菌数量的 90%。在南极海冰中，大约 90%的古菌为氨氧化古菌（Ammonia-oxidizing archaea）。

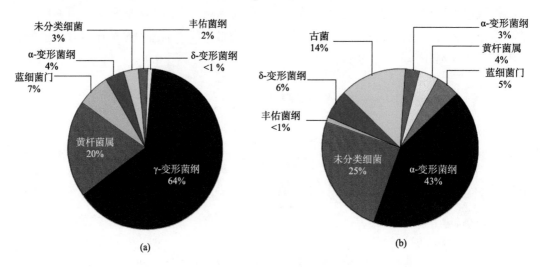

图 6.2　北极地区多年漂浮冰（a）与浮冰周边海水（b）细菌群落结构组成（引自 Jeff S Bowman, 2012）

南北两极影响海冰细菌最主要的环境因素是温度和盐度。北极多年漂浮冰细菌群落组成变化可引起海水温度、盐度和养分改变，引起多年浮冰一系列周边环境变化，如通过影响生物地球化学循环、降低海水中有效养分含量的方式限制海洋食物链循环，进而在某种程度上可加速北极多年浮冰的消融速率。根据南极海冰细菌的生理学研究结果可将海冰细菌划分为三个类群：嗜冷微嗜盐菌（slightly halophilic psychrophilic bacteria）、耐冷耐盐菌（psychrotolerant and halotolerant bacteria）和耐冷非嗜盐菌（psychrotolerant and non-halophilic bacteria）（Cornelius and Anna, 1980）。这三种类群在海冰中的分布与冰藻密切相关。在冰藻生物量高的冰层中嗜冷菌数量和种类也相对较高，而在无冰藻或冰藻生物量低的海冰中耐冷菌则为优势类群。海冰嗜冷菌大部分营附着生活，在低温下其生长速率相对较高。冰藻为海冰细菌提供附着基质的同时，也产生了大量的胞外多聚物和游离氨基酸，形成了一个适合嗜冷菌生长的小生境。而耐冷菌在海冰中通常以游离状态存在，具有广泛的可利用碳源谱，对盐度的耐受范围较广（Christiane et al., 2015）。

2. 海冰藻类

单细胞微藻是海冰微生物群落中最重要的组成部分，构成了海冰生态系统食物链的基础。单细胞微藻种类繁多，群落结构主要受海水温度、盐度、光照和营养物质等条件的影响。在南北两极海冰中数量最多的微藻类群是硅藻，仅在北极地区就已鉴定了超过550 种硅藻，包括 446 种壳缝羽纹硅藻（*Pinnularia*）和 122 种环纹硅藻（*Centricdiatom*）。通常一个海冰藻类群落由 30～170 种不同的硅藻构成。壳缝羽纹硅藻中的菱形藻属（*Nitzschia*）、脆弱拟杆藻属（*Fragilariopsis*）、茧形藻属（*Entomoneis*）和舟形藻属（*Navicula*）主要存在于陆地冰、表层冰、海绵冰和饼冰中（Campbell et al., 2018）。

海冰硅藻具有明显地域性。在北极地区，脆杆藻属（*Fragilariopsis*）、细柱藻属（*Cylindrotheca*）和曲壳藻属（*Achnanthes*）是相对常见的单细胞硅藻；而在南极大型硅藻则更为常见，例如茧形藻属（*Amphiprora*）、羽纹硅藻属（*Pinnularia*）、曲舟藻属（*Pleurosigma*）、针杆藻属（*Synedropsis*）和龙骨硅藻属（*Tropidoneis*）。此外，也相继发现了中心硅藻纲的海链藻属（*Thalassiosira*）和角毛藻属（*Chaetoceros*），但它们主要分布在新形成的冰或南极的饼冰中（图 6.3）。除了单细胞形式，海冰硅藻也可以以链状形式存在，与海洋浮游植物相比，无论哪种形式的海冰硅藻菌体均相对较大（> 20 μm）（Campbell et al., 2018）。

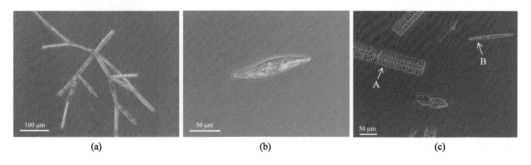

(a)　　　　　　　　(b)　　　　　　　　(c)

图 6.3　海冰中常见的硅藻种类

（a）针杆藻；（b）曲舟藻；（c）形藻（A）和脆杆藻（B）

两极海冰中也存在少数自养型丝状藻类，如斜鳃蕨属（*Phaeocystis*）、涡鞭藻属（*Gymnodinium* 和 *Karenia/Karlodium*）、青绿藻属（*Mantoniella* 和 *Pyramimonas*）、叶绿藻属（*Monoraphidiu* 和 *Chlamydomonas*）、硅鞭毛藻属（*Dictyocha*）、金藻属（*Chrysophyta*）和隐藻属（*Cryptophyta*），它们在数量上比硅藻少得多，且大多集中分布在浮冰中。

3. 海冰病毒

海冰中病毒种类相对较少，主要为原核生物病毒，隶属于长尾噬菌体科（Siphoviridae）和肌尾噬菌体科（Myoviridae）的双链 DNA 病毒。嗜冷型噬菌体宿主范围明显高于中温型噬菌体，且嗜冷型噬菌体与其宿主间有明显种属特异性。海冰病毒多样性相对较少，通常有相对较广的宿主范围。

6.1.2　海冰微生物的数量

1. 海冰细菌数量和分布

海冰细菌是南北极分布最为广泛的海冰微生物类群。数量级约为 10^4 cells/mL，在多年陆地冰中其数量超过了 10^3 cells/mL，而在冰水混合区域其可高达 10^7 cells/mL。一年生海冰中细菌密度通常是多年生海冰细菌密度的 10 倍。海冰细菌个体数量受季节更替的影响，冬季数量最低，随着季节性海水温度上升、盐度下降，海冰藻类的大量繁殖为海冰细菌提供大量碳源，因此夏季海冰细菌数量达到最高（图 6.4）（Etienne et al., 2017）。

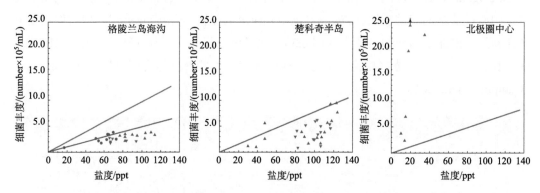

图 6.4　盐度变化对卤水通道中海冰细菌丰度的影响（改绘自 Kevin, 2014）

红色圆点代表一年生卤水海冰细菌；紫色三角形代表一年生海冰表面细菌；蓝色三角形代表一年生海冰表面细菌

$1ppt=10^{-12}$，全书同

关于海冰细菌两极分布存在两种假说。巴斯贝金假说（Baas Becking）认为，极地海冰微生物是广布性的，因此南北极环境中应包含相同的物种；而斯特利（Staley）则认为微生物的存在是区域性的。为了验证上述两种假设，分别从两极中分离了一些嗜冷微

生物并进行比较。例如，从南北两极分离到的两株十八杆菌属菌株，尽管在 16S rRNA
基因序列相似性大于 99%，但 DNA-DNA 杂交相似性仅为 42%，远低于相同物种相似
性应大于 70% 的标准，因此被认为是不同的物种，分别命名为 *Octadecabacter arcticus*
和 *Octabadecabacter antarcticus*。同样，分离自南北两极的 2 株极地杆菌的 DNA-DNA
杂交相似度也仅为 34%（Christiane et al., 2015），这支持了斯特利假说。目前海冰中耐
冷细菌是否在两极同时分布尚无确切证据，由于嗜冷菌只有通过深海环流才有可能通过
赤道从地球的一极扩散到另一极，因此嗜冷菌很难在地球的两极扩散。另外，也没有直
接的证据证明嗜冷菌能通过高空大气环流在两极扩散。南北两极海冰细菌的比较研究将
为寻找"广布种"和"地方种"提供可能。从南北两极不同形态的海冰中大量地分离嗜
冷菌进行生理生化和基因水平上的比较研究，可为物种的"两极同源"提供新证据。

2. 海冰藻类数量及其季节变化

海冰微生物类群中藻类数量相对较高。海冰透光性影响了藻类光合作用，因此一年
生海冰藻类数量最高，而在多年生海冰中仅底冰、卤水通道和冰粒中分布少量藻类。北
极海冰藻类叶绿素 a（Chl a）含量一般介于 $3.00 \times 10^2 \sim 8.00 \times 10^2$ mg/m^3，而南极地区海
冰藻类 Chl a 含量则介于 $1.01 \times 10^4 \sim 3.00 \times 10^4$ mg/m^3；单位面积内北极海冰藻类生物量
介于 $1.00 \times 10^2 \sim 3.40 \times 10^2$ mg/Chl a/m^2，南极地区则高达 $1.00 \times 10^3 \sim 1.09 \times 10^3$ mg/Chl a/m^2。

由于冬季光照时间少、低温及盐度增大，海冰藻类生物量在冬季最少，春季逐步增
加，至夏季繁殖期可明显增加 5～7 个数量级，然而南北极相对苛刻的外部环境使得海冰
藻类繁殖期相对较短，因此生物量积累相对缓慢。此外，海冰表面雪厚度和冰层厚度不
同导致透光性不同，因此海冰藻类分布存在不均一性（Ido et al., 2017）。

6.1.3　海冰微生物的活性

1. 海冰细菌活性

海冰细菌代谢活性相对较高，可培养的比例可高达 60%。海冰细菌生理活性与代谢
特征随季节变化而异，春季时海冰细菌数量明显低于其他自养型海冰微生物类群，其呼
吸量介于 2～22 mg C/（m^3·d）；夏季海冰细菌代谢活性相对较高，生物量积累较大，可
将有机氮和有机磷矿化为 NH_4^+ 和 PO_4^{2-}，增加极地海冰生境的无机氮、磷的含量。海冰
细菌类群的大量繁殖增加呼吸作用，进而消耗了极地海水溶解氧，加剧了反硝化
（denitrification）及氨氧化作用（ammoxidation），造成了 N_2 的大量释放，降低了 N 的固
定速率（James and John, 1999）。

α-变形菌、γ-变形菌和黄杆菌细胞膜中视紫红质也能有效提升海冰细菌的代谢活性，
进而保障海冰细菌在夏季的高代谢活性。极地海冰细菌以游离态为主，少数与藻类形成
共生体，细菌可为共生藻类提供抗氧化活性，如海冰细菌所产生的过氧化氢酶、超氧化

物歧化酶和谷胱甘肽还原酶均可有效降低藻类光合作用所产生的超氧化物和过氧化物等含量，海冰藻类胞外分泌物可为海冰细菌提供大量碳源和能源物质。

2. 海冰藻类生理活性

海冰藻类生理活性与海冰盐度、温度、紫外线辐射等自然因素密切相关。比生长速率（μ）是指单位时间内菌体生长所增加的生物量，是表征微生物活性高低的重要参数。海冰藻类比生长速率与海冰盐度关系密切。当海冰盐度（不包括海冰卤水通道）低于 5ppt 或高于 100ppt 时，海冰藻类比生长速率为 0，而当盐度为 30ppt 时，比生长速率最高（$\mu=30$）。海冰藻类可通过改变自身渗透压的方式快速适应盐度的变化，例如合成和分解 β-二甲基巯基丙酸内盐（dimethyl sulfoniopropinonate，DMSP）的方式来平衡渗透压以适应海冰盐度的变化，当海冰盐度升高时海冰硅藻的 DMSP 体内浓度可高达 2.91×10^3 nmol/L，而当盐度下降时，DMSP 可作为海冰硅藻的硫源被氧化分解，从而平衡胞内渗透压。

在冬季，海冰藻类通过合成生物大分子阻止细胞膜冻结，如海冰硅藻可通过分泌胞外多糖（exopolysaccharides，EPSs）提高其抗冻性。

受海冰结构的影响，海冰底部光照不足而海冰表面则受到强光和紫外线的辐射，海冰藻类进化出两种不同的生态适应机制。由于海冰下层光照不足，海冰藻类提高捕光复合物活性增大光合效率。例如，海冰硅藻通过快速积累岩藻黄素、叶绿素 c（Chl c）和类囊体膜上单半乳糖基二酰基甘油（monogalactosyl diacylglycerols，MGDG）提升光合效率，保证在极端条件下类囊体膜的流动性，维持电子传递体的正常生理功能。在海冰表面，受强紫外线影响，光系统 II 被抑制，但可通过增加光色素和分枝曲菌素（Mycosporine）浓度来保护光合系统。海冰硅藻通过提升细胞内丙二醛、超氧化物歧化酶、过氧化氢酶和过氧化物酶消除强紫外线辐射引起的细胞内自由基大量积累，保护光合系统免受损伤。

海冰内部卤水通道内低温高盐环境可限制藻类生长，同时海冰周边环境中氮元素和硅酸盐含量也是限制藻类生长的主要因素。当海冰外部营养元素匮乏时，硅酸盐含量急剧下降，限制了氮元素循环和吸收，从而导致海冰硅藻脂肪酸合成无法正常进行。

南北极地区每年的 CO_2 固定量较为相似，其中南极地区每年为 2～15 g C/（m·a），北极地区为 0.3～38 g C/（m·a），融冰区域对其贡献率相对较小（<10%），而海冰的贡献率则接近 90%。理论上海冰生境内年初级生产力最高值可达 40 g C/（m·a），仅相当于营养极其匮乏的开放海域的年产量，但实际情况是大部分海冰区域的年 CO_2 固定量明显低于这一数值[40 g C/（m·a）]，从全球范围来看，极地水域仅占远洋海域年产量的 1%。

6.1.4　环境变化对海冰微生物的影响

过去 30 余年，极地温度上升会引起极地海冰的急速消融，海冰藻类栖息地减少，影响海冰藻类的生长繁殖，进而对极地海洋生态系统的稳定性产生负面影响。

海冰是地球上最大的、动态的生态系统，存在一个复杂的充满活力的微生物群落，其单位生产力远远高于冰下及附近水域，是极区大洋生产力的重要组成部分，对全球能量平衡和极区海-气相互作用有着重大的影响。海冰细菌是海冰微生物群落的重要成员，既是群落的初级生产者，也是重要的分解者，在海冰有机物矿化中起主导作用。据估算，海冰初级生产量的 20%～30%通过细菌进行物质循环。海冰细菌的丰度和活性都高于同海域的海水细菌，其丰度在 10^4～10^6 cells/mL 范围内变动，在海冰内部呈垂直成层分布，可以有一个或几个高丰度层，与冰藻生物量有关，它们对海冰生物量的贡献率仅次于冰藻。

海冰是海洋和大气的交界面，对海洋热通量传递和大气交换、海洋表面透光性及咸淡水交汇具有显著影响。同时海冰也是海洋微生物的天然栖息地，当春季海冰藻类大量繁殖时，藻类色素可有效吸收可见光，降低了极地海域对光的吸收效率，延长浮游水生植物的繁殖期，因此海冰藻类繁殖期是控制极地海域浮游水生植物繁殖期的主要环境因素。当海冰开始融化时，海冰底部藻类就会迅速释放到海水表层，并逐步富集在海冰周围，为极地海域退缩的海冰边缘浮游水生植物提供了种子库。微型硅藻（Nanodiatom）是海冰和海冰边缘最常见的微藻形式。这些藻类下沉则成为极地海域浮游生物的主要食物来源，同时藻类富含多不饱和脂肪酸和其他必需脂肪酸，它们是极地海域浮游生物生长繁殖所必需的物质基础。极地海水温度和气候等环境变化直接影响海冰藻类的生物量和海冰浮游生物的净初级生产力、破坏极地海域异养型微生物养分循环速率，进而对整个极地食物网产生深远的影响。

6.2　海底多年冻土微生物

海底多年冻土（offshore permafrost）是指发育在海水下的多年冻土。其主要分布在北极地区大陆的海底，大部分是从寒冷时期形成后残留下来的。在冰期，海平面比现在要低 100 多米，极地海洋沿岸地区的大陆架直接暴露于大气中，发育了多年冻土（Overduin et al., 2016）。当古冰盖消失，海平面上升后，这部分原来分布在极地海洋沿岸地区的多年冻土被海水淹没，成为海底多年冻土。受海水的影响，海底多年冻土一直处于退化状态（Osterkamp, 2001；Mitzscherling et al., 2017）。

海底多年冻土微生物在调控海底多年冻土生态系统结构、维持系统功能稳定性、控制碳的动态等方面具有重要的作用。海底多年冻土微生物具有很高的物种多样性和生理生态功能多样性，具有矿化、发酵、甲烷产生与氧化、铁和硫酸盐还原、固氮、硝化、厌氧氨氧化、硝酸盐还原等功能。海底多年冻土的退化会极大地改变海底生物化学性质，影响海底微生物活性和微生物群落组成（Overduin et al., 2015）。海底多年冻土的退化会增加沉积物的渗透性，被封存的有机物质更容易为微生物所获取，并将复杂的有机化合物转化为可溶的代谢物和气体。海底多年冻土微生物特殊的遗传特征和生理生化代谢机制是全球气候变化的敏感指示剂，其物种和功能多样性及其活性也是影响海底多年冻土有机质降解速率和决定未来海底多年冻土温室气体是碳源还是碳汇的关键所在。

6.2.1 海底多年冻土中的微生物活性

目前有关海底多年冻土微生物的研究主要集中于西伯利亚拉普特夫（Laptev）海域。海底多年冻土微生物活性差异较大。东西伯利亚拉普特夫海陆架西部和中部海底多年冻土中总微生物数量介于 $1.6 \times 10^4 \sim 4.6 \times 10^7$ cells/g，变化超过 3 个数量级；该海域 56m 和 58m 深处海底多年冻土中产甲烷 16S rRNA 基因拷贝数分别为 1.90×10^8 copies/g 和 1.42×10^9 copies/g。拉普特夫海域海底多年冻土中存有大量产甲烷古菌（不少于 2×10^7 cells/g）和细菌（不少于 1×10^8 cells/g），其中产甲烷古菌的功能基因（*mcrA*）和硫酸盐还原菌功能基因（*dsrB*）在高甲烷浓度或高有机碳含量的海底多年冻土样品中达到峰值，它们会随着多年冻土的融化而增加。产甲烷古菌及其相关微生物的活性受海底多年冻土温度和含水量的影响。除甲烷群落外，海底多年冻土中其他活性相对较强的微生物群落主要包括深海古菌、广古菌和泉古菌等古菌。拉普特夫海域海底冻土中古菌活性较低，主要为甲烷八叠球菌和泉古菌。

6.2.2 海底多年冻土中的微生物多样性

海底多年冻土中微生物群落结构、多样性和丰富度呈现位点特异性。海底多年冻土中微生物主要包括细菌和古菌，其中古菌主要为广古菌门和泉古菌门等。对拉普特夫海域海底冻土原核生物的研究发现，古菌占 22.4%（其中产甲烷古菌占 15.5%），细菌占 71.7%。产甲烷古菌是研究较多的一类微生物群落。在海底冻土层中发现的产甲烷古菌属于甲烷八叠球菌目（Methanosarcinales）、甲烷微菌目（Methanomicrobiales）、甲烷杆菌目（Methanobacteriales）等，这些产甲烷古菌在自然界中广泛存在，在极端环境中也非常丰富。

总体上，对海底多年冻土中的古菌多样性及生态学作用研究很少。目前海底多年冻土环境中微生物群落结构、丰度、产甲烷途径及其对环境、地理分布、气候变化的影响机制仍没有定论，相关研究亟待更深入、广泛开展。

6.2.3　海底多年冻土微生物与天然气水合物的关系

天然气水合物（natural gas hydrate）是由天然气（主要为甲烷）与水在高压低温条件下形成的类冰状结晶物质，又称可燃冰，广泛分布于深海沉积物或陆域的多年冻土中。影响多年冻土区天然气水合物形成的因素有温压梯度、气体组分、孔隙流体盐度、孔隙压力等，其中温压梯度和气体组分是影响多年冻土区天然气水合物形成的主要因素（吴青柏和程国栋，2008）。海底多年冻土温度梯度越小，多年冻土厚度越大，越有利于海底多年冻土中天然气水合物的形成，其稳定带厚度也越大。海底多年冻土天然气水合物的形成过程与产甲烷古菌是分不开的。产甲烷古菌在海底多年冻土中广泛存在，专门负责生物成因甲烷的形成。在甲烷产生过程中，首先是复杂有机碳降解为简单的底物，然后通过产甲烷古菌的甲烷生成作用产生甲烷。大多数产甲烷古菌使用二氧化碳作为电子受体将氢还原成甲烷，也有一些产甲烷古菌可以用乙酸和含甲基的化合物（如甲醇）生产甲烷。

受全球气候变暖的影响，海底多年冻土将持续退化，这可能会导致长时间保存在海底多年冻土中的天然气水合物释放到水体和大气（Portnov et al., 2013）。海底多年冻土中的大量甲烷排放到大气中不仅可能加剧全球气候变暖的趋势，而且会导致海底多年冻土中天然气水合物资源量逐渐减少，从而加重全球能源危机，受到世界各国政府和研究者的高度重视（张艳秋和唐金荣，2015）。因此，海底多年冻土微生物与天然气水合物的关系研究是一项重要的世界性课题。

思　考　题

1. 组成海冰细菌和古菌的主要类群有哪些？其分布受哪些环境因素的影响？
2. 海冰微生物与环境变化有何相互作用？
3. 海底多年冻土微生物在天然气水合物形成过程中有何作用？

延　伸　阅　读

刘光琇，陈拓，李师翁. 2016. 极端环境微生物学. 北京: 科学出版社.
David N T. 2017. Sea Ice.（3rd Edition）. Chichester, Hoboken: John Wiley & Sons.

参　考　文　献

吴青柏, 程国栋. 2008. 多年冻土区天然气水合物研究综述. 地球科学进展, 23(2): 1001-8166.
张艳秋, 唐金荣. 2015. 永冻土内甲烷的释放与全球变暖的关系. 中国矿业, (s1): 210-214.

Anders T, Julie D, Melissa C, et al. 2015. Physicochemical control of bacterial and protest community composition and diversity in Antarctic sea ice. Environmental Microbiology, 17(10): 3869-3881.

Andrew M. 2017. Reviews and syntheses: Ice acidification, the effects of ocean acidification on sea ice microbial communities. Biogeoscience, 14(17): 3927-3935.

Campbell K, Mundy C J, Belzile C, et al. 2018. Seasonal dynamics of algal and bacterial communities in Arctic sea ice under variable snow cover. Polar Biology, 41(1): 41-58.

Christiane U, Fabian K, Stephan F, et al. 2015. In situ expression of eukaryotic ice-binding proteins in microbial communities of Arctic and Antarctic sea ice. The ISME Journal, 9(11): 2537-2540.

Cornelius W S, Anna C P. 1984. Sea ice microbial communities: Distribution, abundance, and diversity of ice bacteria in mcmurdo sound, Antarctica, in 1980. Applied and Environmental Microbiology, 47(4): 788-795.

EtienneY, Christine M, Julien T, et al. 2017. Metagenomic survey of the taxonomic and functional microbial communities of seawater and sea ice from the Canadian Arctic. Scientific Reports, 7: 42242.

Ido H, Rhianna C, Benjamin L, et al. 2017. Distinct bacterial assemblages reside at different depths in Arctic multiyear sea ice. FEMS Microbiology Ecology, 90(1): 115-125.

James T S, John J G. 1999. Poles apart: Biodiversity and biogeography of sea ice bacteria. Annual Review of Microbiology, 53: 189-215.

Jeff S B, Simon R, Nikolaj B, et al. 2016. Microbial community structure of Arctic multiyear sea ice and surface seawater by 454 sequencing of the 16S RNA gene. The ISME Journal, 6(1): 11-20.

Kevin R A. 2014. Sea ice ecosystems. Annual Review of Marine Science, 6: 439-467.

Koch K, Knoblauch C, Wagner D. 2009. Methanogenic community composition and anaerobic carbon turnover in submarine permafrost sediments of the Siberian Laptev Sea. Environmental Microbiology, 11(3): 657-668.

Mitzscherling J, Winkel M, Winterfeld M. 2017. The development of permafrost bacterial communities under submarine conditions. Journal of Geophysical Research: Biogeosciences, 122(7): 1689-1704.

Steele J H, Thorpe S A, Turekian K K. 2001. Sub-sea permafrost. Elements of Physical Oceanography: A Derivative of the Encyclopedia of Ocean Sciences, 2: 2902-2912.

Overduin P P, Liebner S, Knoblauch C, et al. 2015. Methane oxidation following submarine permafrost degradation: measurements from a central Laptev Sea shelf borehole. Journal of Geophysical Research: Biogeosciences, 120(5): 965-978.

Overduin P P, Wetterich S, Günther F, et al. 2016. Coastal dynamics and submarine permafrost in shallow water of the central Laptev Sea, East Siberia. Cryosphere, 10(4): 1449-1462.

Portnov A, Smith A J, Mienert J, et al. 2013. Offshore permafrost decay and massive seabed methane escape in water depths >20 m at the South Kara Sea shelf. Geophysical Research Letters, 40(15): 3962-3967.

Wagner D, Koch K. 2006. Methane cycle in terrestrial and submarine permafrost deposits of the Laptev Sea Region. Microbiology Ecology, 46(3): 1875-1880.

Wagner D. 2008. Microbial Communities and Processes in Arctic Permafrost Environments// Dion P, Nautiyal C S. Microbiology of Extreme Soils. Berlin: Soil Biology 13 Springer: 133-154.

Winkel M, Mitzscherling J, Overduin P P, et al. 2018. Anaerobic methanotrophic communities thrive in deep submarine permafrost. Scientific Reports, 8(1): 1291.

第7章
冰冻圈微生物的冷适应机制

冰冻圈低温的环境条件对微生物的生命活动有广泛的影响，如降低细胞的生化反应速率、减小细胞膜的流动性、影响细胞组分的稳定性以及冷冻所造成的破裂作用，等等。为了适应低温环境，冰冻圈微生物在长期的生长繁衍过程中形成了特有的冷适应机制，将低温环境造成的伤害降低到最低限度。传统微生物学主要集中从微生物细胞结构、生理生化角度来研究冰冻圈微生物，而近年来组学技术手段的发展使得研究工作深入到分子层面。

7.1 冰冻圈微生物冷适应的形态结构特征

冰冻圈微生物具有多种形态，包括球状和杆状的完整细胞、退化细胞（如细胞壁和细胞膜呈破裂状、细胞质被"漂白"或溶解细胞）以及空的"影细胞"（如仅包含细胞壁）。冰冻圈微生物缺乏正在分裂的细胞以及细菌孢子，处于休眠状态的细菌普遍存在。作为典型的特征，小于 1 μm 的细胞在冰冻圈中占主导地位，这是小个体细胞对冷环境胁迫做出的一种生理响应。

很多冰冻圈的革兰氏阳性菌能够产芽孢。芽孢是整个生物界中抗逆性最强的生命体，对低温等极端环境有极强的抵抗能力，这些特点和芽孢的特殊结构是分不开的。芽孢主要结构包括芽孢核、皮层、芽孢衣、孢外壁等（图 7.1）（Mykytczuk et al., 2013）。

孢子是另一类与芽孢类似，具有高抗逆作用的生命体结构，在冰冻圈内广泛存在。例如，从冰芯中分离出的细菌以放线菌为主，这类细菌具有产生孢子的能力。孢子的冷适应机制是，孢子形成过程中，水分子从细菌细胞的内部转移到外层的肽聚糖复合物上，造成细胞内部分脱水因而使细胞免遭冷冻的损害。

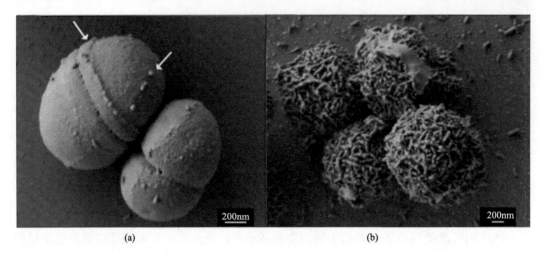

图 7.1　革兰氏阳性菌 *Planococcus halocryophilus* 生长在常温（a）与–15℃（b）细胞壁形态变化
（引自 Mykytczuk et al., 2013）

7.2　冰冻圈微生物冷适应的生理生化机制

　　冰冻圈微生物能够在低温环境下保持正常的生理状态，主要是因为在长期的进化过程中形成了一系列完整的生理生化适冷机制。例如，通过膜蛋白的磷酸化、去磷酸化等复杂信号传导方式辅助完成一系列适冷反应；通过细胞组分及结构的变化适应温度的变化以应对低温，主要表现为，提高细胞膜流动性，产生低温酶、冷适应蛋白及低温保护剂。

7.2.1　提高细胞膜结构稳定性

　　冰冻圈微生物在低温下依然能够进行跨细胞膜的主动运输来保证正常活性，表明它的细胞膜构造不同于常温微生物。低温引起的冷冻及其引起的脱水作用将对细胞膜结构造成损害。在细胞膜的流动镶嵌模型中，一个有功能的细胞膜必须满足以下两个要求：调整膜脂的组成以形成与膜蛋白结合的稳定的脂双层，从而保证膜中镶嵌的蛋白质发挥正确的功能；脂双层必须保持完成各种细胞功能所必需的流动状态。细胞膜膜脂的组成提供了膜流动和相结构的前提条件，从而保证膜中镶嵌的蛋白质发挥正确的功能。而膜中脂类的改变会引起膜流动性的改变（图 7.2）。

　　冰冻圈微生物细胞膜组成成分中含有较高含量的不饱和脂肪酸，这些不饱和脂肪酸使细胞膜在低温下也能保持半流动状态。而常温微生物细胞膜主要由饱和脂肪酸组成，其细胞膜在较低的温度下将变成蜡状并失去正常的细胞膜功能。冰冻圈微生物通过改变磷脂的脂酰基的组成来保持细胞膜的流动性，例如嗜冷产甲烷菌的膜脂组成对低温环境

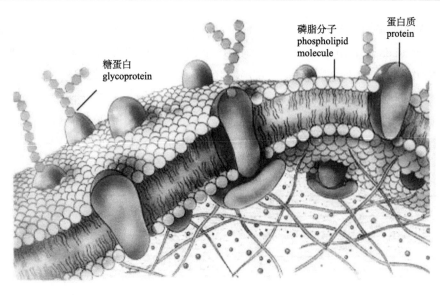

糖蛋白
glycoprotein

磷脂分子
phospholipid
molecule

蛋白质
protein

图 7.2 细胞膜结构示意图（引自百度百科）

的适应机制主要表现为，通过增加不饱和脂肪酸及支链脂肪酸的比例，增加甲基分支，降低环状脂肪酸的比例，降低脂肪酸烃链长度，使脂类的熔点有所降低，从而使细胞膜在低温下保持良好的流动性。

部分冰冻圈微生物细胞膜膜脂类在含有多不饱和脂肪酸的同时还含有多个双键的碳氢化合物来应对低温胁迫。例如，从南极冰冻圈中的细菌脂类组分中鉴别出了含有 9 个双键的碳氢化合物。不饱和脂肪酸中的多个双键允许分子充分运动，并且酰基链分子堆积的破坏降低了液晶相向胶相转变的相变温度，因而使细胞膜保持流动状态（林学政等，2003）。

某些冰冻圈微生物中非极性类胡萝卜素合成减少。推测是脂肪酸表达加强而增强了细胞膜的流动性，极性类胡萝卜素对于非极性类胡萝卜素的含量也相应提高以平衡脂肪酸的影响，进而稳定膜结构（Margesin，2017）。

综上所述，对绝大多数冰冻圈微生物来说，细胞膜脂肪酸组成对低温环境的适应机制可以归结如下：增加单个脂肪酸的不饱和度或者增加不饱和脂肪酸的比例；降低脂肪酸的碳链长度；增加甲基支链脂肪酸，尤其是支链脂肪酸的比例。

7.2.2 合成低温酶

生物体进行新陈代谢的过程离不开酶。低温酶是冰冻圈微生物应对低温环境的关键因子。为了使低温环境下微生物体内的代谢以适当的速度进行，冰冻圈微生物一方面通过产生不同种类的酶来应对低温胁迫；另一方面也可能在酶活力水平上通过酶浓度的变化来定量补偿低温带来的影响。

低温酶也被称作嗜冷酶（psychrophilic enzyme）、冷活性酶（cold active enzyme）或适冷酶（cold-adapted enzyme），20 世纪 80 年代首次于极地细菌中发现。低温酶在低温下具有高比活力。表 7.1 是低温酶与常温酶之间酶促反应参数米氏常数 K_m（酶与底物之间亲和力）和转化数 k_{cat}（最优条件下酶催化生成底物的速率）比较情况，它显示了低温酶的主要特征，即与常温微生物相比，在低温条件下低温酶生理效率（k_{cat}/K_m）高于常温酶，有更高的催化活性（Garcia-Viloca et al., 2004）。

表 7.1　低温酶（P）与常温酶（M）的 K_m 和 k_{cat} 值比较

酶/微生物	$T/℃$	K_m	k_{cat}/s^{-1}	参考文献
α-淀粉酶（Alpha-amylase）				
P: *Pseudoalteromonas haloplanktis*	25	234 μmol/L	294	D'Amico 等（2006）
M: *Pig pancreatic*	25	65 μmol/L	97	
纤维素酶（Cellulase）				
P: *P. haloplanktis*	4	600 μmol/L	0.18	Garsoux 等（2004）
M: *Erwinia chrysanthemi*	4	200 μmol/L	0.01	
DNA 连接酶（DNA ligase）				
P: *P. haloplanktis*	18	0.30 μmol/L	0.034	Garsoux 等（2004）
M: *Escherichia coli*	18	0.18 μmol/L	0.004	
核酸内切酶 I（Endonuclease I）				
P: *Vibrio salmonicida*	0.5	246 mmol/L	9.41	Altermark 等（2007）
M: *Vibrio cholerae*	0.5	118 mmol/L	1.03	
异柠檬酸脱氢酶（Isocitrate dehydrogenase）				
P: *Colwellia maris*	15	62 mmol/L	70.8	Watanabe 等（2005）
M: *E. coli*	15	3.3 mmol/L	22.0	
乳酸脱氢酶（Lactate dehydrogenase）				
P: *Champsocephalus gunnari*	0	0.16 mmol/L	230	Coquelle 等（2007）
M: *Squalus acanthias*	0	～0.3 mmol/L	72	
鸟氨酸氨甲酰转移酶（Ornithine transcarbamylase）				
P: *Colwellia maris*	30	45 mmol/L	690	Xu 等（2003）
M: *E. coli*	30	0.9 mmol/L	235	
枯草杆菌蛋白酶（Subtilisin）				
P: *Bacillus* sp.（Antarctic）	5	26 μmol/L	32	Narinx 等（1997）
M: *Subtilisin carlsberg*	5	6 μmol/L	18	

低温环境中酶活性的降低可以通过产生更多酶的方式得以补偿，与此同时可以有效提高底物的利用率。

一般来说，酶的比活性与其热稳定性密切相关，蛋白质分子的热稳定性主要来源于分子的刚性。刚性的增强使得酶与底物的相互作用受到影响，从而导致酶活性下降。相反，柔性的增强使得酶促反应所消耗的能量减少，从而提高酶的催化活力。自 1998 年第一次阐明了来自南极海水中嗜冷菌盐浮交替单孢菌（*Alteromonas haloplanctis*）的 α-淀粉酶的三维晶体结构以来，科研人员已经对各类冷适应酶进行了晶体结构分析。三维晶体结构表明，与常温微生物的酶比较，这些来自冰冻圈微生物的酶只在酶分子的某些部位存在着些许差别：①与蛋白质折叠和稳定性相关的非共价键的减弱；②以一个低疏水性的疏水区域形成蛋白质的核心；③剔除和替换蛋白质二级结构的环和转角处的脯氨酸；④通过增加带电荷的侧链来增强溶剂和亲水表面的作用；⑤在结构功能域附近出现甘氨酸簇；⑥更广范围内的钙离子配位作用。根据上述结构特征，现在普遍认为这些酶分子的低温适应性主要依赖于酶分子内基团之间相互作用的减弱，以及酶和溶剂分子的相互作用的增强。这样的分子结构变化使得酶分子更具有柔性，增强了其与底物的作用，降低了反应的活化能，从而提高了催化活性（Margesin，2017）。

7.2.3　合成冷适应蛋白质

1. 冷适应蛋白质结构的变化

温度是保持蛋白质完整性和催化功能的重要因素。当温度降低时，中温菌的蛋白质活性随之下降，而冰冻圈微生物的蛋白质仍可保持较高的完整性，这可能是由于其蛋白分子含有更多的氢键和盐键从而能形成相对松动和具有弹性的结构，保持了结构的完整性。此外，嗜冷菌具有在 0℃合成蛋白质的能力，这是由于其核糖体、酶类以及细胞中的可溶性因子等对低温具有适应性。同等低温条件下嗜冷菌体外蛋白质翻译的错误率最低。和中温菌相比，嗜冷菌适应低温的能力主要表现在蛋白质合成过程中翻译机制的适应性以及在低温下能保持完整的蛋白质结构，从而保证低温下蛋白质合成的正常进行。

2. 冷休克蛋白的产生

冰冻圈微生物适应低温的另一机制是合成冷休克蛋白（cold-shock protein）。当温度突然降低时，细胞中会发生冷休克反应，使细胞适应这一急剧降低的低温环境。冷休克蛋白首先在模式生物大肠杆菌中发现，将大肠杆菌从37℃突然降低到10℃时，其细胞诱导合成一系列冷休克蛋白及其他相关蛋白等，这一适应反应称为冷休克反应（辛明秀和马延和, 2006）。

大肠杆菌在冷休克反应中至少有 15 个多肽被诱导合成，包括 CspA 家族及 CspA 阳性转录调节因子、NusA、RecA、多核苷酸磷酸化酶、起始因子 2A 和 2B、DNA 解旋酶A 亚基、H-NS、丙酮酸脱氢酶和 RbfA 等。其中 CspA 家族至少包括 9 个成员，如 CspA、CspB 和 CspG 等。因为 CspA 的诱导水平最高，所以其被称为主要冷休克蛋白。大肠杆菌 CspA 是一个含有 70 个氨基酸的酸性蛋白质（图 7.3），由 *cspA* 基因编码，它的同源

基因包括 *cspB*、*cspC*、*cspD*、*cspE* 和 *cspI* 等。这些基因的共同特征是都具有 5′非翻译区（5′-UTR）、冷盒（cold box）和下游盒（downstream box, DB）。冷休克反应在原核生物中是普遍存在的，是微生物适应突然降低的环境温度的共同方式。

CspA$_{EC}$ 为主要的冷诱导蛋白，在低温条件下大量表达，它一般绑定 ssRNA 或 ssDNA，作为 RNA 分子伴侣（RNA chaperone）与细胞中的 mRNA 结合，稳定 mRNA、促进翻译。现已发现冷休克蛋白在原核和真核生物中普遍存在，嗜冷酵母菌 *Trichosporon pullulans* 在低温冷刺激后，冷休克蛋白在很短时间内大量产生，冷刺激的幅度越大，产生的冷休克蛋白也越多（Schindelin et al., 1994）。

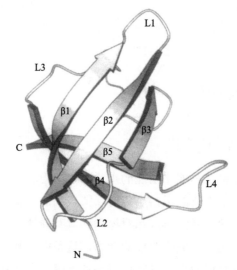

图 7.3　CspA 蛋白三维结构示意图（引自 Schindelin et al., 1994）

箭头代表 β 折叠，并按 β1～β5 编号；联线代表 β 折叠间环结构，并按 L1～L5 编号；C、N 分别表示蛋白质碳端及氮端

3. 抗冻蛋白的形成

冰核蛋白（ice-nucleation protein）、冰结合蛋白（ice-binding protein）及抗冰核形成蛋白（anti-nucleating protein）合称为抗冻蛋白（antifreeze protein，AFP），又称热滞蛋白（thermal hysteresis protein），最先于南极与北极地区的海洋鱼类血清中发现。是一种能与冰晶相结合的特异性蛋白质，它们调整原生质溶液的状态，通过热滞效应降低水的冰点但不改变其熔点，避免形成冰晶，抑制冰晶的重结晶并修饰胞外冰晶的生长形态（图 7.4 和图 7.5）。对抗冻蛋白的研究多集中于鱼类、昆虫以及植物，自 1993 年从南极低温菌 *Moraxella* sp.中发现抗冻蛋白以来，大量相关微生物抗冻蛋白研究工作相继开展。荧光假单胞菌（*Pseudomonas fluorescens*）可产生冰核蛋白，通过转移胞内水分而保持细胞的结构和功能。冰核蛋白可以使冰点降低 2℃以上，在细胞抗冻保护中发挥了关键作用。从南极海冰中分离的细菌 *Colwellia* SLW05 中存在一种分子量约为25kDa的冰结合蛋白，

它可以改变冰生长的形态，抑制重结晶。从南极东方站冰芯中分离的 1 株细菌中存在 1 个 54 kDa 的冰结合蛋白（Margesin, 2017）。

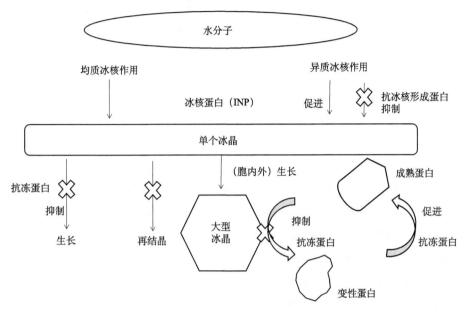

图 7.4　抗冻蛋白的作用方式图（改绘自 Margesin，2017）

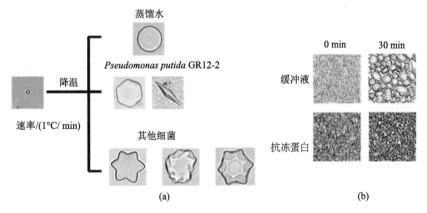

图 7.5　细菌抗冻蛋白对冰晶形成的影响（引自 Margesin，2017）

（a）冰晶形态；（b）冰晶再结晶抑制

7.2.4　产生低温保护剂

　　微生物产生的细胞外物质是对抗外界环境的第一道屏障。微生物在低温下合成某些相容性溶质（compatible solutes）是对低温环境的适应机制之一，包括胞外多糖、海藻糖、糖胶甜菜碱、甘露醇等。这些化合物具有防止结晶、浓缩营养物质和防止酶变等功能。

胞外多糖在生物膜的稳定性中发挥作用，具有与冰结合蛋白质类似的活性。以冷适应海洋细菌 *Colwellia psychrerythraea* 34H 为例，该菌存在两种形式的低温保护性多糖：细胞表面的荚膜胞外的多糖和一种细胞外的胞外多糖,两种胞外多糖都可抑制冰再结晶，使生物体在 4℃下保持生长。其中，荚膜胞外多糖的低温保护效果更为突出（图 7.6）（Casillo et al., 2017）。

海藻糖是在自然界中广泛存在的非还原性双糖，在植物、动物、真菌和细菌中均有发现。它具有保护细胞和生物活性物质的作用，在冰冻圈低温、细胞脱水、高渗透压等环境条件下使微生物免遭破坏。海藻糖在微生物细胞中合成，当环境发生改变而不利于微生物生长繁殖时，微生物就会在其细胞内合成具有保护功能的海藻糖，使细胞能继续进行正常代谢。有研究表明，当酵母细胞中海藻糖含量达到 4%～5%时，即可增强酵母细胞的抗冻性。海藻糖的抗冻作用机理可能是海藻糖能够在低温条件下稳定生物膜、蛋白质以及核酸等大分子结构。其中，海藻糖对蛋白质保护的机理可以用微黏度来解释，即随着海藻糖含量的增加，微黏度也随之增大。这虽然影响了蛋白质的折叠和活性，但能够使细胞抵抗极端环境。而当低温等极端环境因子去除后，海藻糖就会迅速被水解，蛋白质的活性也会随之恢复。而对于细胞膜结构，海藻糖可以与磷脂分子的极性头部形成氢键来稳定磷脂分子的结构，进而通过保护细胞膜活性来应对冰冻圈环境的冷胁迫（Margesin, 2017）。

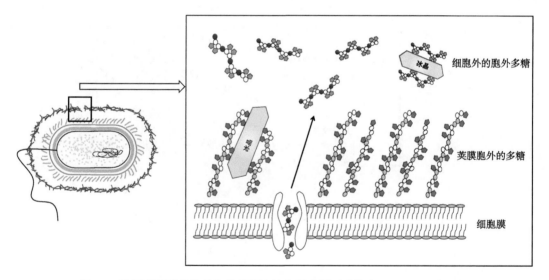

图 7.6 冷适应细菌产生的胞外多糖冰结合示意图（改绘自 Margesin，2017）

枯草芽孢杆菌（*Bacillus subtilis*）在低温培养时，可利用三个甜菜碱转运蛋白 OpuA、OpuC 和 OpuD 将甜菜碱摄入细胞中，或利用前体胆碱合成甜菜碱，从而对细胞起到低温保护作用。相容性溶质 L-肉碱、巴豆甜菜碱、丁酰甜菜碱、高甜菜碱（homobetaine）

等也可起到冷保护剂的作用。低温产甲烷古菌（*Methanolobus psychrophilus*）R15 在应对冷胁迫时，可在细胞内检测到胆碱和甜菜碱的积累，并发现胆碱、甜菜碱、甘氨酸、肉毒碱、乙偶姻和四氢嘧啶 6 种相容性物质，促进 R15 在低温环境中生长。因此，产甲烷古菌的相容性物质同时也具有低温保护作用（Margesin, 2017）。

7.3　冰冻圈微生物冷适应的组学特征

随着组学技术发展，相关技术越来越多地被应用于微生物适冷机制的研究中，从分子尺度对微生物冷适应机制进行阐释。本节对冰冻圈微生物冷适应机制的基因组学、蛋白组学以及转录组学进行阐述。

7.3.1　冰冻圈微生物的基因组学特征

基因组学（genomics）是阐明整个基因组的结构、结构与功能的关系以及基因之间相互作用的科学。微生物基因组包括结构基因组学与功能基因组学。1994 年，美国率先制订了微生物基因组研究计划（MGP），150 多种微生物的基因组序列完成测定。

2002 年美国科学家首次完成 1 株北极嗜冷杆菌 273-4（*Psychrobacter arcticus* 273-4）的全基因测序工作，揭开了冰冻圈微生物基因组学的研究。截至 2017 年初，对大约 130 个冷适应微生物进行了基因组测序（图 7.7）。测序结果的生物信息学分析深入探讨了冰冻圈微生物冷适应的分子生物学机制，发现了冰冻圈微生物基因组中具有与冷适应密切相关的结构特征。例如，北极嗜冷杆菌 273-4 的全基因组中有 56%的基因具有冷适应特征，表现为编码酸性氨基酸、脂性氨基酸、脯氨酸和精氨酸的基因含量减少，而编码赖氨酸基因的含量增加，并且疏水性减弱等。平均而言，每一个基因具有 3～5 种冷适应机制相关特征。

比较基因组学将基因组与功能研究进行比较。对于冰冻圈微生物，比较基因组学着眼于冷适应机制的基础分析，包括冷适应相关特性分析，温度影响因子，以及基因组差异与嗜冷菌所栖息的生态系统之间的关系。微生物中的一部分基因特征即可使得冰冻圈微生物产生多种不同的冷适应方式。例如，南极湖泊中的产甲烷菌 *Methanococcoides burtonii* 的比较基因组学研究促使了 TRAM 蛋白基因的发现，这种蛋白是一类具有 RNA 结合功能的相关结构域的总称，功能与冷休克蛋白（CspA 家族蛋白）相似，使得菌株适应低温胁迫。近年来，分子生物学技术的发展使得 TRAM 蛋白基因簇也可在植物中表达，并发挥抗寒、抗旱作用（Margesin，2017）。

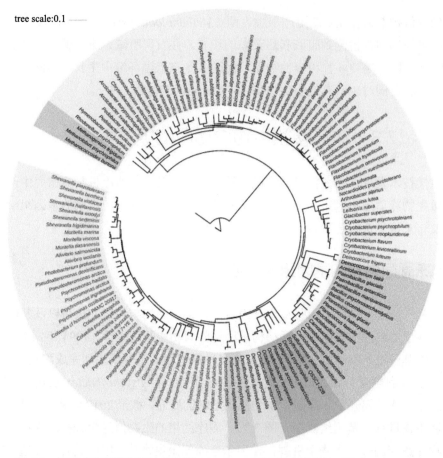

tree scale:0.1

图 7.7　已完成基因组测序的嗜冷菌 16S rRNA 基因系统发育树（引自 Margesin，2017）

7.3.2　冰冻圈微生物的蛋白组学

蛋白质组（proteome）为由一个基因组（genome）或一个细胞、组织表达的所有蛋白质（protein）。通过对冷适应微生物和常温微生物间的蛋白质组进行比较分析，可以找到特异性的蛋白质分子。在微生物领域，蛋白质组学研究揭示了代谢系统的分子基础、感染宿主细胞以及压力适应等。对于冰冻圈微生物的研究，蛋白质组学也为定量分析冷适应蛋白质提供了有力方法。

蛋白质组学的相关研究进一步完善了缺乏全基因组序列数据的冷诱导蛋白的鉴定。以从冰川冰尘中分离出来的 *Pedobacter cryoconitis* A37[T] 作为模型细菌的高通量蛋白质组学研究，尽管缺乏全基因组信息和全面的靶向菌株生物信息学数据库，但通过与 [15]N-代谢标记的方法相结合开发了一种快速且可靠的蛋白质组分析方法以及信息学工具，13 种蛋白质被鉴定为 *P. cryolyticitis* A37[T] 的冷诱导蛋白。其中，超氧化物歧化酶可能具有抗氧化防御作用，并在氧气溶解度增加的低温下降低活性氧（ROS）自由基的细胞内水平。

对冰冻圈微生物进行了蛋白质组学研究，结果表明不同的冰冻圈微生物采取不同的策略来应对低温环境，其中部分策略存在共性。举个例子，多种冰冻圈微生物（如 *Psychrobacter cryohalolentis* K5 和 *Shewanella livingstonensis* Ac10）均在低温下可诱导产生一种 RNA 伴侣分子 CspA。另一个例子是促进蛋白质折叠的肽基-脯氨酰顺反异构酶，其催化蛋白质正确折叠，是冰冻圈微生物适应低温胁迫的重要机制。在包括 *Shewanella* sp. *SIB1*、*M. burtonii*、*P. arcticus 273-4*、*S. livingstonensis Ac10* 在内的几种嗜冷微生物冷诱导条件下均观察到这种蛋白质的产生，但其类型在不同的嗜冷微生物中有所差异，包括 FKBP 型蛋白、亲环蛋白型蛋白、亲环蛋白类型蛋白和 Tig 型蛋白质。RNA 聚合酶和核糖体的调节也被认为对于细胞在低温下生长是重要的，因为这些复合物的亚基在几种嗜冷微生物中低温胁迫时基因表达量上调（Margesin, 2017）。

通过将蛋白质组学与新型技术结合（如新一代 DNA 测序、1D-或 2D-LC MS／MS 高通量蛋白质鉴定技术），阐明了嗜冷微生物蛋白质组更多的新特征。例如，*M. burtonii* 以复杂的蛋白调控来应对低温胁迫，这些蛋白参与过程包括细胞壁被膜合成、蛋白转运、细胞分化、转录调控、氧化胁迫、翻译及蛋白折叠等关键生物过程。

7.3.3　冰冻圈微生物的转录组学

转录组学（transcriptomics）是一门在整体水平上研究细胞中基因转录情况及转录调控规律的学科。简言之，转录组学是从 RNA 水平研究基因表达的情况。低温环境基因组分析的迅猛发展使得新型基因组得以表征，也更加深入了解了潜在的微生物功能和适应机制。转录组学在表征微生物代谢活动的动态分析方面具有独特优势。

转录组分析表明，冰冻圈微生物随环境温度降低，相关基因表达发生变化。例如，枯草芽孢杆菌 *B. subtilis* 中 3 个 CspA 的同系物 CspB、CspC 和 CspD 对细菌的冷适应起重要作用。温度下降时枯草芽孢杆菌还诱导产生核糖体蛋白 S6 和 L7/L12、肽酰–脯氨酰–顺反式异构酶、半胱氨酸合酶、乙酮酸还原异构酶、甘油醛脱氢酶和磷酸丙糖异构酶。当温度突然降低时，嗜冷细菌持家基因的表达不被抑制，合成冷适应蛋白，其含量逐渐上升并持续很长时间，同时，适量合成冷激蛋白，其含量迅速上升，但很快降低。低温胁迫与氧化胁迫相关联，例如，活性氧浓度在低温条件下有所积累。对嗜冷菌转录组的分析结果表明，低温诱导使得编码抗氧化酶的基因表达上调。同时，低温胁迫也使得冰冻圈微生物低温保护剂的相关合成基因表达上调。

除此之外，转录组分析发现相同蛋白的功能在冰冻圈微生物及常温微生物间有所差异。例如，DEAD-box RNA 解旋酶是一类具有与冷休克蛋白（CspA 家族蛋白）RNA 相似的分子伴侣活性的酶。其中，DEAD-box RNA 解旋酶 CsdA 可促进双链 mRNA 的解旋，是微生物低温调节蛋白基因表达的重要参与者。在中温菌中，CsdA 是诱导产物，为冷激蛋白，其主要作用是 mRNA 降解；而在冰冻圈微生物中，CsdA 是持家基因产物，为冷适应蛋白。

转录组分析结果显示，冰冻圈微生物细胞结构随环境温度的降低而变化。其中，对细胞膜及细胞壁成分合成基因转录组的研究表明，冰冻圈微生物在低温条件下可以提高脂肪酸去饱和酶及肽聚糖合成基因的表达，使得细胞膜流动性增大及细胞壁加厚。而菌株 *Planococcus halocryophilus* 可以大量提高细胞壁合成基因表达，从而形成特殊的细胞外被膜（cellular envelope）结构，使其可在–15℃温度下生存。

在低温环境中，微生物中能源生产及大多数的生物合成通路基因被下调，如初级代谢物、TCA 循环及氨基酸代谢都受到抑制。但专性嗜冷微生物转录组结果却表现出相反的趋势，角毛藻（*Chaetoceros neogracile*）在低温条件下的光合作用及光合效率均提高；在 4℃时，*Chlorella* sp. UMACC 234 光合系统效率比常温时高 3 倍；*Fragilariopsis cylindrus* 在–1℃时，较之于 7℃提高了光合作用及光合作用转录子（Margesin, 2017）。

思 考 题

1. 冰冻圈微生物的冷适应机制是如何获得的？
2. 冰冻圈微生物的冷适应机制与其他极端环境胁迫条件的适应机制有何关联性？

延 伸 阅 读

刘光琇, 陈拓, 李师翁, 等. 2016. 极端环境微生物学. 北京: 科学出版社.
沈萍, 陈向东. 2016. 微生物学（第 8 版）. 北京: 高等教育出版社.

参 考 文 献

林学政, 边际, 何培青. 2003. 极地微生物低温适应性的分子机制. 极地研究, 15(1): 75-82
辛明秀, 马延和. 2006. 微生物产生的冷休克蛋白研究进展. 微生物学杂志, 26(1): 70-72
Altermark B, Niiranen L, Willassen N P, et al. 2007. Comparative studies ofendonuclease I from cold-adapted *Vibrio salmonicida* and *mesophilic Vibrio cholerae*. The FEBS Journal, 274(1): 252-263.
Amico S D, Gerday C, Feller G. 2001. Structural determinants of cold adaptation and stability in alarge protein. The Journal of biological chemistry , 276(28): 25791-25796.
Anesio A M, Laybourn-Parry J. 2012. Glaciers and ice sheets as a biome. Trends in Ecology and Evolution, 27(4): 219-225.
Casillo A, Parrilli E, Sannino F, et al. 2017. Structure-activity relationship of theexopolysaccharide from a psychrophilic bacterium: A strategy for cryoprotection. Carbohydrate Polymers, 156: 364-371.
Coquelle N, Fioravanti E, Weik M, et al. 2007. Activity, stability and structuralstudies of lactate dehydrogenases adapted to extreme thermal environments. Journal of Molecular Biology, 374(2): 547-562.
Garcia-Viloca M, Gao J, Karplus M, et al. 2004. How enzymes work: Analysis by modernrate theory and

computer simulations. Science, 303(5655): 186-195.

Garsoux G, Lamotte-Brasseur J, Gerday C, et al. 2004. Kinetic and structural optimisation tocatalysis at low temperatures in a psychrophilic cellulase from the Antarctic bacterium *Pseudoalteromonas haloplanktis*. The Biochemical Journal, 384(2): 247-253.

Margesin R. 2017. Psychrophiles: From Biodiversity to Biotechnology. New York: Springer International Publishing AG.

Mykytczuk N, Foote S, Omelon C, et al. 2013. Bacterial growth at-15 degrees C; molecular insights from the permafrost bacterium *Planococcus halocryophilus* Or1. International Society for Microbial Ecology, 7(6): 1211-1226.

Narinx E, Baise E, Gerday C. 1997. Subtilisin from Antarctic bacteria: Characterization and site-directed mutagenesis of residues possibly involved in the adaptation to cold. Protein Engineering, 10(11): 1271-1279.

Schindelin H, Jiang W, Inouye M. 1994. Crystal structure of CspA, the major cold shock protein of *Escherichia coli*. PNAS, 91 (11): 5119-5123.

Watanabe S, Yasutake Y, Tanaka I, et al. 2005. Elucidation of stability determinants of cold-adapted monomeric isocitrate dehydrogenase from a psychrophilic bacterium, Colwelliamaris, by construction of chimeric enzymes. Microbiology, 151(4): 1083-1094.

Xu Y, Feller G, Gerday C, et al. 2003. Moritella cold-active dihydrofolate reductase: Arethere natural limits to optimization of catalytic efficiency at low temperature. Journal of Bacteriology, 185(18): 5519-5526.

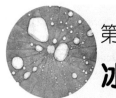

第8章
冰冻圈微生物资源及应用前景

冰冻圈中蕴藏着庞大的微生物资源，和其他生境中生存的微生物相比，这些微生物为适应冰冻圈低温、营养贫瘠、强辐射环境，在长期进化过程中形成了特殊的代谢途径及丰富的基因资源。它们在工业、农业、环境治理及生物医药等方面具有广泛的应用价值。

8.1 冰冻圈微生物资源

冰冻圈微生物大多为冷适应微生物，可划分为嗜冷微生物（psychrophile）和耐冷微生物（psychrotrophs）。嗜冷微生物指适宜生长温度低于 15℃，不能在高于 20℃ 下生长的微生物。现在一般将能在低于 5℃ 下活跃生长的微生物定义为嗜冷微生物。把能在低于 15℃ 下生长，甚至在接近冰点温度也具有活力，但最适宜生长温度为 20～30℃ 的微生物称为耐冷微生物。

8.1.1 嗜冷微生物资源

目前从冰冻圈的各类样品中发现了数量与种类众多的微生物种群，其中以嗜冷、耐冷微生物为优势类群。由于嗜冷微生物可以在 0℃ 或者 0℃ 以下生长繁殖，因此形成了一套与低温环境相适应的机制，主要包括以下几个方面。①独特的基因类型：可产生特殊抗冻蛋白用于保护冰冻状态下冰晶对细菌的伤害。②特殊的质膜组成：嗜冷微生物体内细胞膜组成成分与其他微生物不同，它们可以在低温条件下依然保持较好的膜流动性。③产生特殊的低温酶：在嗜冷微生物体内存在着大量的低温酶，它们在低温条件下依然可以保持较高的催化效率及与底物亲和性。上述三个特性使得嗜冷微生物在低温条件下依然可以有效保持较高的生长活力。

嗜冷微生物资源主要包括细菌及真菌等。嗜冷细菌中的假单胞菌与节杆菌均是具有高效降解难降解物质能力的菌株。在它们的基因组中含有丰富的有机物代谢基因簇、有机物氧化酶基因以及细胞色素 P450 基因。这些基因有助于有效代谢难降解的有机物，并维持自身的生长（Collins et al.，2017）。这两类细菌常用于低温环境治理过程中。嗜冷的真菌类群中以假丝酵母与青霉菌为主。假丝酵母是一种具有较高代谢能力及营养全合成能力的酵母菌，它可以在麦芽汁为唯一营养成分条件下高效生长而不需要额外添加任何维生素。嗜冷假丝酵母可产生多种特异的次生代谢物，是新医药资源的重要开发来源。青霉菌是一类可以高效产多种胞外酶的霉菌，它具有较广的碳源、氮源代谢能力。嗜冷青霉菌产生的低温酶被广泛应用于工业酶制剂生产及低温食品加工过程。

8.1.2 耐冷微生物资源

耐冷微生物有着较高的温度变化耐受能力，环境温度的变化对它们的生存率影响较小。与嗜冷微生物相比，耐冷微生物具有以下特点。①特殊的次生代谢类型：耐冷微生物中含有丰富的次生代谢物基因簇资源，这是开发新型生物医药产品重要的来源。②特殊的酶催化系统：耐冷微生物中含有较为特殊的酶资源，这些酶资源可用于替代化学催化过程产生医药中间体。③低温酶资源：耐冷菌产生的低温酶可兼具低温高效催化能力及温度耐受能力，这一类酶已经被广泛应用于工农业中。

耐冷微生物资源包含的类群十分广泛，常用于工业生产及加工过程的主要类型菌包括耐冷假单胞菌、耐冷芽孢菌及耐冷不动杆菌。耐冷假单胞菌 *Pseudomonas* sp.W7 产的低温蛋白酶在 20～35℃范围内热稳定性较好，在 pH 4～10 范围内具有较强催化活性。该蛋白酶可对蛋白高效水解，已应用于蛋白胨、氨基酸加工行业。耐冷芽孢杆菌 *Bacillus cereus* SYP-A3-2 是从天山乌源 1 号冰川中分离发现的产低温蛋白酶菌株。*Bacillus cereus* SYP-A3-2 菌株产生的低温蛋白酶是一种金属蛋白酶，其最适宜温度为 15℃，最适宜反应 pH 为 7.0～8.5，最高反应温度为 42℃，在 20～30℃下具有相对较高的催化活力，且在 0℃能保持最适反应温度下 6.3%的酶活。该蛋白酶可以直接应用于造纸、皮革等行业的工业加工中。耐冷醋酸钙不动杆菌 *Acinetobacter calcoaceticus* 是从青藏高原冻土环境中分离的微生物。由于该菌具有较好的低温下降解苯胺物质的能力，其已经被成功应用于低温环境污水处理过程中。

8.1.3 冰冻圈中的微生物新种资源

由于冰冻圈研究起步相对较晚，且受细菌分离培养手段所限，其中蕴藏着大量的未知微生物。例如，青藏高原冻土中未鉴定微生物的比例高达 13%，南极中未鉴定微生物的比例高达 55%，北极中未鉴定微生物的比例高达 37%（D'Amico et al.，2006）。随着分离培养手段的进步，越来越多新的微生物从冰川及冻土环境中分离出来并得到鉴定（表 8.1 与表 8.2）。这些微生物新种资源是发掘新型、高效工业用酶的基础来源。例如，从新型嗜冷微生物 *Pseudomonas fragi* 中分离获得的 β-Galactosidases 已经在奶酪加工行业得到了广泛的应用；从新型嗜冷微生物 *Acinetobacter* sp. Strain no. 6 中筛选出的低温脂肪酶在洗涤剂制造及有机催化中得到了广泛的应用。从新型嗜冷微生物 *Sclerotinia borealls* 中分离的低温聚半乳糖醛酸酶已经在食品与保健品加工中发挥了重要的作用。

表 8.1　冰川中新的微生物类群

新种名称	来源	发现年份
Nocardiopsis antarcticus sp. nov.	南极冰盖	1983
Flavobacterium xinjiangense sp. nov.	天山乌源 1 号冰川	2003
Flavobacterium omnivorum sp. nov.	天山乌源 1 号冰川	2003
Pedobacter cryoconitis sp. nov.	高山冰川（阿尔卑斯山）	2003
Pedobacter himalayensis sp. nov.	印度哈姆塔冰川	2005
Dyadobacter hamtensis sp. nov.	印度哈姆塔冰川	2005
Flavobacterium glaciei sp. nov.	天山乌源 1 号冰川	2006
Exiguobacterium indicum sp. nov.	印度哈姆塔冰川	2006
Rhodotorula psychrophenolica sp. nov.	奥地利冰川	2007
Rhodotorula glacialis sp. nov.	奥地利斯图拜冰川	2007
Leifsonia pindariensis sp. nov.	印度哈姆塔冰川	2008
Bacillus cecembensis sp. nov.	印度哈姆塔冰川	2008
Salinibacterium xinjiangense sp. nov.	天山乌源 1 号冰川	2008
Mrakiella cryoconiti gen. nov., sp. nov.	高山冰川	2008
Planomicrobium glaciei sp. nov.	天山乌源 1 号冰川	2009
Herminiimonas glaciei sp. nov.	格陵兰冰川冰芯	2009
Flavobacterium tiangeerense sp. nov.	天格尔冰川	2009
Cryptococcus spencermartinsiae sp. nov.	阿根廷弗里亚斯冰川	2010
Flavobacterium sinopsychrotolerans sp. nov.	天山乌源 1 号冰川	2011
Sphingomonas glacialis sp. nov.	奥地利斯图拜冰川	2011
Glaciimonas immobilis gen. nov., sp. nov.	奥地利阿尔卑斯冰川	2011
Nocardioides alpinus sp. nov.	奥地利 Pitztaler Jöchl 冰川	2012
Arthrobacter cryoconiti sp. nov.	奥地利 Banker 冰川	2012
Devosia psychrophila sp. nov.	奥地利 Pitztaler Jöchl 冰川	2012
Devosia glacialis sp. nov.	奥地利帕特泽冰川	2012
Cryobacterium flavum sp. nov.	天山乌源 1 号冰川	2012
Cryobacterium luteum sp. nov.	天山乌源 1 号冰川	2012
Alpinimonas psychrophila gen. nov., sp. nov.	奥地利 Rettenbach 冰川	2012
Polaromonas glacialis sp. nov.	奥地利帕特泽冰川	2012
Polaromonas cryoconiti sp. nov.	奥地利帕特泽冰川	2012
Nocardioides szechwanensis sp. nov.	中国海螺沟冰川	2013
Nocardioides psychrotolerans sp. nov.	中国海螺沟冰川	2013
Massilia yuzhufengensis sp. nov.	中国玉珠峰冰川	2013
Flavobacterium noncentrifugens sp. nov.	中国海螺沟冰川	2013

续表

新种名称	来源	发现年份
Mycetocola miduiensis sp. nov.	中国玉珠峰冰川	2013
Cryobacterium levicorallinum sp. nov.	天山乌源 1 号冰川	2013
Mycetocola zhadangensis sp. nov.	中国扎当冰川	2013
Dyadobacter tibetensis sp. nov.	中国玉珠峰冰川	2013
Glaciihabitans tibetensis sp. nov.	中国玉珠峰冰川	2014
Nonlabens antarcticus sp. nov.	南极洲乔治王岛	2014
Cnuella takakiae gen. nov., sp. nov.	中国加瓦隆冰川	2014
Arcticibacter pallidicorallinus sp. nov.	天山乌源 1 号冰川	2014
Pedobacter huanghensis sp. nov.	挪威 Midtre Lovénbreen 冰川	2014
Pedobacter glacialis sp. nov.	挪威 Austre Lovénbreen 冰川	2014
Spirosoma arcticum sp. nov.	挪威新奥尔松斯瓦尔巴群岛	2014
Chryseobacterium takakiae sp. nov.	中国加瓦隆冰川	2015
Arcticibacter eurypsychrophilus sp. nov.	中国木吉冰川	2015
Glaciimonas alpina sp. nov.	瑞士高山冰川	2015
Massilia eurypsychrophila sp. nov.	中国慕士塔格冰川	2015
Sphingomonas psychrolutea sp. nov.	中国米堆冰川	2015
Nocardioides glacieisoli sp. nov.	中国海螺沟冰川	2015
Flavobacterium collinsense sp. nov.	南极柯林斯冰川前缘	2016
Rufibacter glacialis sp. nov.	中国米堆冰川	2016
Paenibacillus marchantiophytorum sp. nov.	中国加瓦隆冰川	2016
Psychrobacter glaciei sp. nov.	挪威斯瓦尔巴新奥尔松	2016
Hymenobacter glacieicola sp. nov.	中国慕士塔格冰川	2016
Chelatococcus reniformis sp. nov.	中国慕士塔格冰川	2016
Massilia psychrophila sp. nov.	中国慕士塔格冰川	2016
Aureimonas glaciei	中国慕士塔格冰川	2017
Terrimonas crocea sp. nov.	挪威 Midtre Lovénbreen 冰川	2017
Conyzicola nivalis sp. nov.	中国扎当冰川	2017
Hymenobacter frigidus sp. nov.	中国慕士塔格冰川	2017
Massilia glaciei sp. nov.	中国慕士塔格冰川	2017
Erythrobacter arachoides sp. nov.	中国东荣布克冰川	2017
Chryseobacterium glaciei sp. nov.	印度 Kunzum Pass	2018
Cryobacterium aureum sp. nov.	天山乌源 1 号冰川	2018
Arthrobacter ruber sp. nov.	中国米堆冰川	2018
Subsaxibacter sediminis sp. nov.	挪威 Midtre Lovénbreen 冰川	2018
Massilia violaceinigra sp. nov.	天山乌源 1 号冰川	2018

表 8.2　冻土中新的微生物类群

物种	分类地位	来源
中国冻土区		
Agromyces flavus	放线菌门	青藏高原
Cryobacterium psychrotolerans	放线菌门	天山乌源 1 号冰川
Salinibacterium xinjiangense	放线菌门	天山乌源 1 号冰川
Chryseobacterium xinjiangense	拟杆菌门	天山
Flavobacterium glaciei	拟杆菌门	天山乌源 1 号冰川
Flavobacterium omnivorum	拟杆菌门	天山乌源 1 号冰川
Flavobacterium qiangtangensi	拟杆菌门	羌塘盆地
Flavobacterium sinopsychrotoleran	拟杆菌门	天山乌源 1 号冰川
Flavobacterium tiangeerense	拟杆菌门	天山乌源 1 号冰川
Flavobacterium xinjiangense	拟杆菌门	天山乌源 1 号冰川
Hymenobacter kanuolensis	拟杆菌门	青藏高原
Hymenobacter psychrotolerans	拟杆菌门	青藏高原
Hymenobacter qilianensi	拟杆菌门	祁连山
Hymenobacter tibetensis	拟杆菌门	青藏高原
Moheibacter sediminis gen. nov.	拟杆菌门	漠河盆地
Niabella tibetensis	拟杆菌门	青藏高原
Planomicrobium glaciei	厚壁菌门	天山乌源 1 号冰川
Paracoccus tibetensis	α-变形菌纲	青藏高原
Roseomonas vinacea	α-变形菌纲	青藏高原
Undibacterium terreum	β-变形菌纲	漠河村
Methanoculleus hydrogenitrophicus	广古菌门	青藏高原
Methanolobus psychrophilus	广古菌门	青藏高原
Methanospirillum psychrodurum	广古菌门	青藏高原
Chloridium xigazense	子囊菌门	青藏高原
Geosmithia tibetensis	子囊菌门	青藏高原
Humicola chlamydospora	子囊菌门	青藏高原
Humicola tuberculata	子囊菌门	青藏高原
Humicola verruculosa	子囊菌门	青藏高原
Monodictys clavata	子囊菌门	青藏高原
Monodictys shigatsensis	子囊菌门	青藏高原
Monodictys tuberculata	子囊菌门	青藏高原
Radulidium xigazense	子囊菌门	青藏高原
Rhinocladiella tibetensis	子囊菌门	青藏高原
其他冻土区		
Deinococcus radiomollis	异常球菌-栖热菌门	南极
Deinococcus claudionis	异常球菌-栖热菌门	南极
Deinococcus altitudinis	异常球菌-栖热菌门	南极

续表

物种	分类地位	来源
Deinococcus alpinitundrae	异常球菌-栖热菌门	南极
Sphingobacterium antarcticum	拟杆菌门	南极
Chryseobacterium antarcticuma	拟杆菌门	南极
Hymenobacter roseosalivarius	拟杆菌门	南极干谷
Rhodonellum psychrophilum gen. nov.	拟杆菌门	格陵兰岛
Flavobacterium weaverense	拟杆菌门	南极
Flavobacterium segetis	拟杆菌门	南极
Methylocella tundrae	α-变形菌纲	北极
Psychrobacter frigidicola	γ-变形菌纲	南极
Methylobacter tundripaludum	γ-变形菌纲	北极斯瓦尔巴特群岛
Acetobacterium tundrae	厚壁菌门	北极
Sporosarcina antarctica	厚壁菌门	南极
Planococcus maitriensis	厚壁菌门	南极
Planococcus stackebrandtii	厚壁菌门	喜马拉雅山脉冻原
Arthrobacter psychrophenolicus	放线菌门	南极
Arthrobacter alpinus	放线菌门	南极
Micrococcus antarcticus	放线菌门	南极
Cryobacterium psychrophilum gen. nov.	放线菌门	南极
Cryobacterium roopkundense	放线菌门	南极
Cryptococcus statzelliae	担子菌门	南极
Cryptococcus vishniacii	担子菌门	南极
Mrakia psychrophila	担子菌门	南极
Mrakia robertii	担子菌门	南极
Mrakia blollopis	担子菌门	南极
Mrakiella niccombsii	担子菌门	南极
Dioszegia antarctica	担子菌门	南极
Dioszegia cryoxerica	担子菌门	南极
Psychrobacter cryohalolentis	γ-变形菌纲	西伯利亚多年冻土
Psychrobacter arcticus	γ-变形菌纲	西伯利亚多年冻土
Exiguobacterium soli	厚壁菌门	南极麦克默多
Exiguobacterium sibiricum	厚壁菌门	西伯利亚多年冻土
Desulfosporosinus hippei	厚壁菌门	西伯利亚多年冻土
Glaciibacter superstes gen. nov.	放线菌门	阿拉斯加多年冻土
Demequina lutea	放线菌门	挪威斯匹次卑尔根岛
Tomitella biformata gen. nov.	放线菌门	阿拉斯加多年冻土

8.2　冰冻圈微生物功能基因资源

冰冻圈微生物的功能基因资源编码着多种多样的低温酶资源，这些低温酶资源可应用于工农业及生物医药领域（Feller et al.，1996）。早期冰冻圈功能基因资源多来源于可培养微生物，然而随着分子生物学手段的发展，近年来越来越多的冰冻圈功能基因资源从环境宏基因组样品中得到开发。这些功能基因资源可有效促进食品加工业、生态环境修复以及生物制药业的发展。

8.2.1　可培养微生物的功能基因资源

在冰冻圈中生长的微生物中存在着很多有价值的功能基因资源，这些基因资源编码的低温酶资源具有最适温度低、比活高等特点（Feller et al.，2003）。现在已开发的低温酶主要包括淀粉酶、β-半乳糖苷酶、谷氨酸脱氢酶、金属蛋白酶、枯草杆菌蛋白酶、脂肪酶、壳二糖酶、乳酸脱氢酶、果胶酸裂合酶、木聚糖酶、磷酸甘油酸激酶、异柠檬酸裂合酶、苹果酸合酶、几丁质酶、乙醛脱氢酶、β-内酰胺酶、天冬氨酸转氨甲酰酶、木聚糖酶、蛋白酪氨酸激酶、RNA 聚合酶和 DEAD-boxRNA 解旋酶等（Demirjian et al.，2001）。这些低温酶资源已经被广泛应用于食品及饲料加工、清洁剂、生物质能、环境清洁、生物医药等多种行业中。低温酶用于食品加工行业不仅可以有效保证食品冷加工工艺过程的有效性，而且在食品加工完毕后，可通过适当升温去除该低温酶的活性。低温酶用于生物质能领域的典型案例为低温纤维素酶可以在 50℃ 下将纤维素充分水解，最终形成乙醇，由于水解所需温度相对较低，因此低温酶在生物质能产生合成中可以大幅度降低所需的能耗，提升能效比。低温酶用于生物医药领域的典型案例为低温脂肪酶可以保证一些化学催化在低温下进行，防止化学物质在催化过程中的氧化作用。

8.2.2　微生物宏基因组的功能基因资源

冰冻圈中蕴藏着丰富的基因资源。通过培养可获得的微生物基因资源有限，随着宏基因组技术的广泛应用，该技术为基因资源的挖掘提供了广阔的途径。从冰冻圈宏基因组中筛选出了大量的低温脂肪酶、低温酯酶、低温淀粉酶、低温纤维素酶、低温 β-半乳糖苷酶、低温木聚糖酶、低温碱性单加氧酶、低温几丁质酶、低温 DNA 聚合酶等可以应用于食品、药品以及科研领域的低温酶（表 8.3）。例如，对天山乌源 1 号冰川冻土土样构建表达文库，通过对文库中所含 DNA 功能的筛选，研究人员从中发现了一种新型碱性低温脂肪酶基因。通过对纯化后的蛋白酶活测定，发现该基因表达的蛋白催化的最适温度仅为 20℃，而最适 pH 为 7～9。与现今已发现的低温脂肪酶相比，该蛋白在 20℃

下的催化效率是其他酶的 3～8 倍。应用同样的筛选手段，研究人员从喜马拉雅山脉冻土中筛选得到了一种低温淀粉酶，该酶的最适温度仅为 40℃，而常温淀粉酶最适温度为 60～70℃。将该酶应用于啤酒生产过程的淀粉液化工艺中可以有效降低液化工艺的能耗，防止液化过程中营养物质的降解（Akanbi et al.，2019）。然而，在冰冻圈中不可培养微生物的宏基因组还存在着更多对人类有价值的酶类，对这些酶的进一步开发可以有效帮助人类解决更多存在于生产与生活中未能解决的关键问题。

表 8.3 冰冻圈宏基因组中筛选并应用的冷适应酶

酶	来源	宿主	阳性克隆/筛选克隆数	筛选方法	T_{opt}/℃	pH_{opt}	表征水平
脂肪酶	中国天山	大肠杆菌	2/NA	琼脂试验	20	7～9	蛋白质纯化、pH、温度，底物特异性、金属离子的影响、动力学分析
酯酶	南极洲	大肠杆菌	3/100000	琼脂试验	40（在 7～54 活跃）	碱性	蛋白质纯化、温度、pH、底物特异性
酯酶	北极	大肠杆菌	6/6132	琼脂试验	30	8	蛋白质纯化、温度、pH、底物特异性、消旋氧氟沙星酯选择性再分解
淀粉酶	喜马拉雅山脉	大肠杆菌	1/350000	琼脂试验	40	6.5	蛋白质纯化、温度、pH、金属离子的影响
纤维素酶	南极洲	大肠杆菌	11/10000	琼脂试验	10～50	6～9	蛋白质纯化、温度、pH、各种化学物质的影响、底物特异性、黏度测定
几丁质酶	南极洲	大肠杆菌	295/NA	PCR 扩增	NA	NA	RFLP、基因测序
烷烃单加氧酶	南极洲	大肠杆菌	177/NA	PCR 扩增	NA	NA	基因测序
DNA 聚合酶 1	德国 Höllentalferner 冰川冰	大肠杆菌	15/23000 和 1/4000	增长分析	NA	NA	亚克隆到表达载体

注：NA 表示未统计菌落数

8.3 冰冻圈微生物资源应用

冰冻圈微生物资源常规应用分为以下两个方面。①特殊基因资源的工业应用：利用蛋白质重组表达技术将冰冻圈微生物中含有的多种特殊的基因资源重组表达。重组产生的低温酶制剂可直接应用于食品加工、生物医药生产等方面。②特殊的菌种资源的工业应用：利用冰冻圈微生物自身具备的特殊代谢能力，将菌株直接应用于环境污染物治理及生物医药生产中。

8.3.1　低温酶在食品工业中的应用

微生物为了适应这种冰冻圈的极端环境，具备了相应独特的生理生化和分子机制。在低温微生物中发现了许多具有重要价值的低温酶，它们是一类在低温条件下具有较高的催化效率，对高温相对不稳定的酶。其中，有 20 多种低温酶得到了纯化或克隆表达（Cavicchioli et al.，2011），主要有淀粉酶、β-半乳糖苷酶、谷氨酸脱氢酶、金属蛋白酶、枯草杆菌蛋白酶、脂肪酶、壳二糖酶、乳酸脱氢酶、果胶酸裂合酶、木聚糖酶、磷酸甘油酸激酶、异柠檬酸裂合酶、苹果酸合酶、几丁质酶、乙醛脱氢酶、β-内酰胺酶、天冬氨酸转氨甲酰酶、木聚糖酶、蛋白酪氨酸激酶、RNA 聚合酶和 DEAD-boxRNA 解旋酶等。在工业上利用低温酶在低温下高效催化的特点，可以有效降低工业生产的能耗并提高工业生产的效率（Cavicchioli et al.，2002）（表 8.4）。

表 8.4　食品及饲料工业用低温酶

应用	酶
提高动物饲料的消化率和同化率，去除半纤维素	脂肪酶、蛋白酶、植酸酶、葡聚糖酶、木聚糖酶
肉质嫩化	蛋白酶
贝类废物的单细胞蛋白	几丁质酶
淀粉水解	α-淀粉酶、糖化酶
水果、蔬菜汁和葡萄酒的纯化	果胶酶、木聚糖酶
面团发酵	α-淀粉酶、木聚糖酶
乳品业中乳糖转化为葡萄糖和半乳糖牛奶中乳糖的去除	β-半乳糖苷酶
葡萄酒和饮料稳定	漆酶
香草醛的产生	阿魏酸酯酶

在食品加工业中，为了避免食品在高温反应下发生不良反应，需要在低温下进行加工。因此，现在低温酶在食品加工行业中已得到了广泛的应用（Gerday et al.，2000）。

1. 低温酶在肉制品加工行业中的应用

在肉制品加工过程中，通过蛋白酶对肉制品进行处理，可使肉制品在食用过程中嫩滑度、口感大幅度提升。然而，常规蛋白酶处理的最适温度相对较高，容易导致肉制品腐败。一株分离自南极冻土的假单胞菌 Pseudomonas sp. TACⅡ18 可表达一种嗜冷的金属碱性蛋白酶，该酶可在菌体生长过程中分泌表达至胞外。由于可以用该碱性蛋白酶在低温（约 10℃）下对肉制品进行处理，在提升肉制品口感的同时避免了处理过程中肉制品腐败的可能性（Joseph et al.，2019）。

2. 低温酶在饮料业中的应用

在果汁、蔬菜汁及葡萄酒加工过程中，果胶是导致其混浊的主要因素。在现代工业中降解果胶主要应用果胶裂解酶进行裂解处理。处理后的果汁、蔬菜汁及葡萄酒与处理前相比有更好的澄清度。一株分离自南极的假交替单胞菌 *Pseudoalteromonas haloplanktis* strain ANT/505，可产生三种不同的果胶酶的活性成分（Kuddus，2019）。利用基因文库构建及筛选，鉴定获得了两个不同的果胶酶基因（Rastogi et al.，2019）。通过蛋白质重组表达出的重组蛋白分子量大小分别为 68KD 和 75KD。酶活检测表明这两个果胶酶均为钙依赖型蛋白，它们催化的最适温度均为 30℃，最适 pH 为 9～10。它们可在果胶含量≥1g/L 的条件下进行催化反应。其应用可高效提升果汁、蔬菜汁及葡萄酒加工过程中果胶的分解能力，并在加工过程中最大限度地保留果汁、蔬菜汁及葡萄酒中的营养成分。

3. 低温酶在乳制品业中的应用

乳制品中所含的乳糖是导致一些乳糖不耐受人群食用后不适的最主要因素。在现今的乳制品加工过程中，通过添加乳糖酶或 β-半乳糖苷酶对乳糖进行降解。由于常规的乳糖酶或 β-半乳糖苷酶在催化过程中最适温度相对较高（约为 45℃），在处理过程中会导致乳制品的风味改变以及营养成分改变。一株分离自南极的嗜冷节杆菌 *Arthrobacter* sp. 20B 可产生新型低温 β-半乳糖苷酶，该酶催化的最适温度仅为 25℃，且其催化的最低底物浓度仅为 10mmol/L。利用该 β-半乳糖苷酶对乳制品中的乳糖降解，可最大限度去除乳制品中的乳糖且保持乳制品的风味及营养成分（Niehaus et al.，1999）。

低温酯酶在乳制品行业中主要用于奶味香精基料的开发，以及焙烤食品、油脂、风味增强剂等加工过程。奶味香精基料中最主要的风味物质是由酯酶水解得到的，且带有奶酪特有香气的中、短碳链脂肪酸，这类化合物是奶味香精、香气的主要来源（Naqash et al.，2019）。目前市售的天然奶味香精大多是由奶制品酶解产物经适当风味修饰得到的，其成分多为中、短碳链脂肪酸，风味接近于奶酪。低温酯酶酶法水解油脂是一种新的节能工艺，该工艺处理过程无需高温、高压等特殊条件，不会使油脂中高度不饱和脂肪酸和生育酚等生物物质在处理过程中变性。

8.3.2　冰冻圈微生物在环境治理中的应用

冰冻圈微生物适应低温、寡营养的生态环境，这类微生物具备能在低温下生长、代谢速度快以及物质代谢能力强的通性。而利用这些通性可帮助人类有效地治理低温环境下的污染问题。常见的低温环境污染问题包括：①低温环境下原油污染治理问题；②城市低温环境（冬季）污水处理问题。

在低温环境下原油污染治理中，目前修复的方法主要分为三种：物理修复法、化学修复法和微生物修复法。其中物理修复法主要是客土法和煅烧法，这两种方法在处理过程中会造成原始生态地貌的破坏，并能够释放出气体、粉尘及颗粒等二次污染物；化学修复法则是向污染环境中导入化学氧化剂，通过氧化还原反应达到降低污染的目的，但化学氧化剂本身对环境就是一种污染物，这样势必会对环境造成二次污染。而微生物修复法主要是通过微生物的代谢活动分解或降解环境中的污染物，将石油污染物中的有害成分分解为无害的碳源或化合物。相比于物理和化学方法，微生物修复法具有修复污染成本低、无有害物质导入环境，不会造成二次污染，并且能够更彻底消除石油污染物等优点。因此，微生物修复法已成为目前最理想的修复方法，并且被广泛应用于冷环境的石油烃污染治理中。

　　冰冻圈中也蕴藏着丰富的石油烃降解微生物，这些微生物能够在 0℃ 左右的温度下生长繁殖并广泛分布于生物圈中，它们对于原位生物降解具有至关重要的作用。将石油烃降解微生物分别培养于 10℃ 和 37℃ 下观察土壤中菌群的生长情况，发现在 10℃ 下土壤中的石油降解微生物数量显著高于 37℃ 下，证实高寒地区分布有大量的耐冷石油烃降解微生物，这些微生物能够在低温环境下保持较高的石油烃降解能力。通常在寒冷环境中负责石油烃降解的微生物主要是 *Pseudomonas*、*Rhodococcus* 以及 *Arthrobucter* 等细菌，这些菌株具有不同的底物范围，能够通过协同作用完成对污染物的降解。石油污染物成分复杂，加之微生物对各石油成分的敏感性不同，导致环境中微生物群落的多样性会随时发生变化，污染物含量的高低直接影响着微生物种群和生物多样性。对比研究石油污染环境和未污染环境中烃类降解微生物，结果表明未污染环境中的烃类降解微生物数量仅占有效生物量的 0.1%，而石油污染环境中的烃类降解微生物高达 100%。在研究污染土壤中微生物群落的动态变化时发现，尽管石油污染后土壤的整体微生物群落多样性下降，但石油烃降解微生物却大量繁殖成为土壤优势菌。

　　同样冰冻圈微生物在城市低温污水处理中发挥着巨大的作用，例如，从北极冻土中分离出能降解联苯的微生物，在环境温度 7℃ 条件下，微生物能将起始浓度为 50 mg/L 的联苯污泥，按每小时 0.5～1 mg/L 的速度进行降解，虽然降解效率不是很快，但可以应用到持续性降解联苯污水。对降解联苯的中温菌和冷耐受菌在不同温度下的降解效率进行比较，发现冷耐受菌株的降解酶系统为冷适应性的。从南极土壤中分离出了能以污染物，如萘、菲等多环芳香族有机物作为碳源和能量来源的低温耐受菌株，其中比较有代表性的菌株是鞘氨醇单胞菌和假单胞菌。通过将其与中温菌在不同温度下污水处理效果进行比较，发现上述菌株在低温环境下的降解效率比常温菌高 60%。

8.3.3　冰冻圈微生物资源在医药上的应用及前景

　　冰冻圈微生物产生的活性物质具有普通微生物活性物质所不具备的特性，因此有着广阔的应用前景。随着新菌株的发现，将会有更多的生物活性物质被发现并投入到生产应用中。表 8.5 展示了低温酶应用于制药与医疗产业的实例。这些低温酶在制药行业中的应用不仅降低了医药原料制造过程中的高能耗问题，还有效地解决了药物的手性拆分及合成过程中高温催化导致的氧化问题（Massé et al.，2000）。

表 8.5　制药与医疗产业用工业低温酶

应用	低温酶
甲壳素与壳聚糖、甲壳寡糖、葡萄糖胺的水解	低温几丁质酶
抗真菌药物以及在面霜乳液中的添加	低温几丁质酶
幼虫期蚊子的控制	低温内切几丁质酶和脂肪酶
香茅醇的合成	低温脂肪酶
抗菌	低温溶菌酶
抗微生物，抗氧化剂和光保护剂（阿魏酸）	低温阿魏酸酯酶
抗生素降解	低温 β-内酰胺酶
药物的手性分解增强效力和斑点	低温酯酶
手性拆分和化学合成	低温过氧化物酶
抗癌药的制造	低温漆酶
抗生素前体的制备	低温酰亚胺酶

　　除了低温酶被广泛应用于医药原料制造过程中，近年来从冰冻圈中也发现了大量的具有特殊代谢能力的微生物。通过对这些微生物的研究，开发出了多种可应用于医疗的新抗生素类化合物。在南极冻土环境中发现了很多具有医药应用前景的微生物及其代谢物质：①从一株南极稀有放线菌的发酵液中分离到具有抗肿瘤活性的物质 G905A，经鉴定，其结构与肿瘤抗生素 sandramycin 相同。②从南极乔治王岛的冻土中筛选到 43 株放线菌，其中对微生物具有拮抗作用的有 18 株，具有抗肿瘤活性的有 9 株。其中 1 株嗜冷放线菌 NTK14，其发酵液中含有特殊氧桥结构的新化合物 gephyromycin、已知化合物 dehydrorabelomycin 和抗生素 fridamycin E。Gephyromycin 能迅速增大神经细胞钙离子浓度，影响蛋白质及酶的作用。③分离自南极乔治王岛土壤的疣状金孢霉在发酵过程中可以合成对肿瘤核苷转运和小鼠脾淋巴细胞摄取核苷有抑制作用的两种抗生素 bisdechlorogeodin 和 questin，这是首次从南极土壤真菌代谢产物中分离到这两种物质。④从南极分离的螺旋环沟藻（*Gyrodinium spirale*）可以有效地产抗脑心肌炎病毒的硫酸多糖 p-KG03，而且该糖的拮抗能力随着浓度的增大而增强，这是天然产物具有抗脑心肌炎病毒活性的首次报道。⑤从南极海泥中分离到放线菌 NJ-F2，抑菌活性实验表明，发酵液的乙酸乙酯粗提物对枯草芽孢杆菌和金黄色葡萄球菌均具有抑菌活性。

　　在南极以外的其他冻土区域也发现了很多具有医药应用价值的低温微生物及其代谢化合物：①从日本 Ushio 山冻土中分离获得了一株嗜冷灰色链霉菌亚种，从该菌中发现了一种新的肽类抗生素冷霉素（cryomycin），其中含有大量甘氨酸，体外抗菌实验表明其具有很强的抗革兰氏阳性菌的活性（Yoshida et al.，1972）。该抗生素可以有效地杀灭耐药型革兰氏阳性菌，因此对于耐药菌感染的治疗具有潜在性。对于链球菌的感染，在治疗过程中需要患者摄入大剂量的抗生素，然而在该过程中会严重破坏患者体内的菌群平衡，导致其他的并发症状（Yoshida et al.，1972）。②从印度 Rohtang Hill 冻土中分离微生物，并发现了 6 株可以高效抑制不同链球菌的嗜冷微生物。它们产生的化合物抑制链球菌的最低抑菌浓度仅为常规使用的氨苄青霉素低 1/10～1/5，并且是全新结构的化合物分子。③从西藏墨脱地区环境样品中分离获得 100 余株菌种。通过对这些菌株粗提物的体外抗菌活性进行筛选，发现其中一株油瓶霉属真菌提取物对超级耐药菌——耐甲氧西林金黄色葡萄球菌（MRSA）等细菌和真菌均显示了较好的抗性。通过手性拆分、单晶衍射和计算化学等鉴定了包括 5 对对映异构体在内的 12 个新结构抗菌活性化合物，为新型抗菌药物研究的研发奠定基础。从中分离获得的新化合物 conipyridoin E 抗耐药金黄色葡萄球菌的最低抑菌浓度达到纳摩尔水平；新化合物 didymellamide G 为新型的几丁质合成抑制剂，具有强抗烟曲霉活性。

　　冰冻圈中存在的微生物有多种特殊的代谢机制，对这些菌株及其代谢能力的开发是解决生物医药资源紧缺问题的突破口。

思 考 题

1. 为什么低温微生物在食品加工工业上有较好的应用性？
2. 低温酶的主要特征是什么？
3. 冰冻圈微生物的主要应用领域是什么？

延 伸 阅 读

郭勇. 2016. 酶工程（第四版）. 北京: 科学出版社.
刘光琇，陈拓，李师翁，等. 2016. 极端环境微生物学. 北京: 科学出版社.
刘志国. 2016. 基因工程原理与技术（第三版）. 北京: 化学工业出版社.
徐丽华，秦恺，张华，等. 2010. 微生物资源学（第二版）. 北京: 科学出版社.

参 考 文 献

Akanbi T O, Agyei D, Saari N. 2019. Chapter 46-Food enzymes from extreme environments: Sources and bioprocessing// Kuddus M. Enzymes in Food Biotechnology. San Diego: Academic Press: 795-816.
Cavicchioli R, Charlton T, Ertan H, et al. 2011. Biotechnological uses of enzymes from psychrophiles. Microbial Biotechnology, 4(4): 449-460.
Cavicchioli R, Siddiqui K S, Andrews D, et al. 2002. Low-temperature extremophiles and their applications.

Current Opinion in Biotechnology, 13(3): 253-261.

Collins T, Gerday C. 2017. Enzyme catalysis in psychrophiles// Margesin R. Psychrophiles: From Biodiversity to Biotechnology. Cham: Springer International Publishing: 209-235.

D'Amico S, Collins T, Marx J C, et al. 2006. Psychrophilic microorganisms: Challenges for life. EMBO Reports, 7(4): 385-389.

Demirjian D C, Moris-Varas F, Cassidy C S. 2001. Enzymes from extremophiles. Current Opinion in Chemical Biology, 5(4): 144-151.

Feller G, Gerday C. 2003. Psychrophilic enzymes: Hot topics in cold adaptation. Nature Reviews Microbiology, 1(3): 200-208.

Feller G, Narinx E, Arpigny J L, et al. 1996. Enzymes from psychrophilic organisms. FEMS Microbiology Reviews, (18): 189-202.

Gerday C, Aittale, M, Bentahir M, et al. 2000. Cold-adapted enzymes: From fundamentals to biotechnology. Trends in Biotechnology, 18(3): 103-107.

Joseph B, Kumar V, Ramteke P W. 2019. Chapter 47-psychrophilic enzymes: Potential biocatalysts for food processing// Kuddus M. Enzymes in Food Biotechnology. San Diego: Academic Press: 817-825.

Kohlmann R, Barenberg K, Anders A, et al. 2016. Acetobacter indonesiensis bacteremia in child with Metachromatic Leukodystrophy. Emerging Infectious Diseases, 22(9): 1681-1683.

Kuddus M. 2019. Chapter 1-introduction to food enzymes//Kuddus M. Enzymes in Food Biotechnology. San Diego: Academic Press: 1-18.

Massé D I, Lu D, Masse L, et al. 2000. Effect of antibiotics on psychrophilic anaerobic digestion of swine manure slurry in sequencing batch reactors. Bioresource Technology, 75(3): 205-211.

Niehaus F, Bertoldo C, Kahler M, et al. 1999. Extremophiles as a source of novel enzymes for industrial application. Applied Microbiology and Biotechnology, 51(6): 711-729.

van den Burg B. 2003. Extremophiles as a source for novel enzymes. Current Opinion in Microbiology, (6): 213-218.

Yoshida N, Tani Y, Ogata K. 1972. Cryomycin, a new antibiotic produced only at low temperature. Journal of Antibiotics, (25): 653-656.

第9章
冰冻圈微生物学的研究方法

冰冻圈环境具有低温、寡营养等特点，其中微生物数量、活性不同于其他环境类型，因此选择合适的微生物研究方法显得极为重要。本章从采样方法、分析方法和数据处理方面对冰冻圈微生物学的研究方法进行系统阐述。

9.1 采样方法

冰冻圈各环境要素与常温生态系统存在较大差异，其样品采集方法也有所不同；对于一些特殊的研究问题，还要设计适宜的样品采集方法。

9.1.1 采样前准备

微生物分析样品的采集需遵循两个原则：保持样品原状和操作过程无污染。因此，首先需保证采样人员自身和所用工具（表 9.1）无菌、无可溶解脱落的离子化合物等。

表 9.1 采样前准备

项目	详细
着装	洁净服、无菌聚乙烯（PE）手套、无菌口罩等
采样工具	冰镐、铲、不锈钢直尺、不锈钢薄片、取样刀
样品容器	小容量的高密度聚乙烯瓶、聚乙烯无菌采样袋、铝盒等；大容量的有硬质铝桶等

采样工具、容器常用的清洗/灭菌方法如下。

清洗方法：通常先用去离子水（或者分析纯乙醇）浸泡清洗，然后用去离子水冲洗三次，在 100 级的生物安全柜中晾干。洗完的器具可用离子色谱检查是否已清洗干净。洗干净的器具晾干后用干净的塑料袋密封，使用时再取出。

灭菌方法：依据清洗后的工具、容器自身耐温特性，分别用马弗炉高温处理或采用高温高压蒸气灭菌。灭菌的工具可用锡箔纸包好备用。

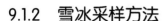

9.1.2 雪冰采样方法

雪冰样品中微生物含量较低，其中积雪样品中微生物细胞数量通常介于 $10^2 \sim 10^6$ cells/mL，冰川表层冰积累区大约为 10^3 cells/mL，而消融区约为 10^6 cells/mL。如果仅做可培养分析，至少应该采集 50 mL 样品，如果进行宏基因组、宏转录组等分子生物学分析，样品则应多于 500 mL。此外，环境对微生物含量影响很大，高海拔冰川和两极地区微生物含量较低，需要加大单个样品量。采集的样品数量遵循生态学研究常用方法，通常同类样品或者一个采样点至少采集 3 个平行样品（Hallbeck, 2009）。

1. 采样过程

采样过程中工作人员穿洁净服，戴无菌手套、鞋套、口罩、帽子等。如有风，应站在下风口采样。采集完一个样品，应该更换手套和采样工具。

雪样：表层雪用无菌工具（如无菌铲、无菌刀等）取得样品后，应立即将其装入洁净无菌的容器中，盖上瓶盖并加封无菌封口膜，防止瓶口污染。采集雪坑等深层雪样时，如需按深度增加连续取样，可先挖好雪坑，用灭菌后的不锈钢直尺量取雪坑的深度及取样间隔，并用不锈钢薄片插入雪层做好标记。在相应深度的断面取样时，先将表层可能受到污染的部分去除，根据容器的口径，沿纵向划出若干个长方形，并取长方体状雪样，放入准备好的样品容器中，立即封存并做好样品标注与信息记录。采样完毕，将所有器械包好备用。采集的样品在分析处理前一直保持冷冻状态（刘炜，2008）。

冰样：表层冰样可用无菌铲或者冰凿，参照雪样采集方法完成。深层的冰芯采集根据深度和采样量，选择适应的口径和长度。将采集好的冰芯放入样品容器中，做好标记，低温运输至实验室保存。

2. 采样后的处理

雪冰样品为固态，研究其中的微生物时通常需要将其融化成液态，再根据实验设计进行浓缩，如过滤、离心等（蒲玲玲，2006）。

雪样和表层冰样可在 4℃避光条件下缓慢融化。

冰芯样品的处理方法：在冷冻实验室（–24～–18℃）里，将冰芯等间距（如 20～30 cm）分成若干段，再将每段分成几份，取其中一份用作冰芯微生物分析。分析前先用无菌刀将外层粒雪削去一层，之后换用新的无菌刀再将冰柱外层削去一薄层，如此反复三次，大约削去外层粒雪 1cm。将处理好的冰样置于无菌烧杯中，使其于 4℃条件下缓慢融化。

融化后的雪冰样品可根据试验需求分装后低温保存。如需浓缩和收集融水中的微生物（例如可培养微生物分析等试验），可用 0.22 μm 无菌微孔滤膜过滤融水，然后将滤膜置于磷酸缓冲液中悬浮震荡，使滤膜上的微生物悬浮于缓冲液中，用悬浮液进行下一步研究工作。

9.1.3　冻土采样方法

冻土中微生物数量在 $10^7 \sim 10^9$ cells/g。可培养分析通常需采集 $1 \sim 2$ g 冻土样品，而宏基因组、宏转录组等分析需要采集大于 10 g 的样品。根据已有研究，通常北极冻土中微生物细胞数量在 $10^5 \sim 10^9$ cells/g，南极冻土中为 $10^3 \sim 10^6$ cells/g，高海拔冻土中为 $10^7 \sim 10^8$ cells/g。随着冻土深度增加，总的微生物数量呈下降趋势。高海拔和两极地区微生物含量更低，需要进一步加大单个样品量，通常每个冻土样品采集 $100 \sim 200$ g。与雪冰样品相同，同类样品或者一个采样点至少采集 3 个平行样品。

1. 采样过程

表层冻土样品直接用无菌铲或者无菌刀取出并置于无菌样品袋、无菌铝盒等容器中，表层以下的冻土样品使用钻机钻取。较浅的可使用便携式土壤钻机钻取，较深的使用专业机械动力钻机钻取（Vishnivetskaya et al., 2000；胡维刚，2016）。

钻井过程要注意两个问题：①保持低温以保证岩心不融化和避免升温对内部微生物造成影响，钻杆低速旋转可避免或者减轻这一问题，保证采集到的样品仍处于冷冻状态；②防止钻探过程中钻井液及钻具等的污染，以保证数据的可信度。排除污染的方法：一是分析和比较钻井液中的微生物群落，二是在钻井时加入荧光物质或者其他标记物，仅分析不含有标记物的样品。

与冰芯样品类似，为了避免外源微生物的污染，应去除钻芯外表面土样，仅保留中心部分。对每一段提取的岩心使用无菌小刀或楔子进行切割并立即取样。取样时需遵循微生物取样原则，务必保持样品始终处于冻结状态。为了获取无污染的样品，在每个采样深度，用事先灭菌的小刀削去土壤外表面 1 cm 的部分，3 份重复样品则收集自中心部分。同样将这些样品立即放置于无菌样品袋、无菌铝盒等中，密封，迅速保存于−20℃ 冰柜并运回实验室进行后续分析。

2. 采样后的处理

石头较少的表层冻土样品处理：可使其在 4℃ 或者室温下融化，除去大的石块和草根等后直接进行微生物分析。

以石质为主的冻土岩心处理：在低温无菌实验室将样品分为 $2 \sim 3$（作为平行取样）小段，并将外层切去，每段仅留下内层旳岩心。用岩石切割机将岩石内部切割成小块以利于研磨，然后用冷冻研磨机将样品研磨成 100 目左右的粉末。如果在钻井时加入了荧光标记物，则在荧光显微镜下观察，无荧光者为合格样品，可用于后续试验。用于理化性质分析的样品，可根据实验需求，自然风干、烘干或者冷冻干燥，过 $60 \sim 200$ 目筛，弃砾石和植物残体后备用。

9.1.4　冰下湖采样方法

　　冰层较厚的冰下湖采样常用热水钻井（hot water drilling，HWD）方法，即将雪融化的水加热至 80～90℃，并利用水中的热能在冰块上融化成洞。钻孔内的水循环回表面，再加热，然后通过可展开的软管泵送，以进一步在钻孔底部钻孔（图 9.1）。在热水钻井方法中使用水作为钻井液具有许多优点，通过实时过滤有效地清除细胞，并用紫外线照射对钻井过程中的流出液进行灭菌（Priscu et al., 2013; Rose，2017）。

　　对于冰层较浅的湖泊可以用"注射器"式采水器通过冰孔抽取冰-水界面、不同深度冰下水体以及水-沉积物界面的水体样品。冰下水体中微生物的分布和水深有很大关系，因此采样时常常依据不同深度采集。采集样品时，要特别注意避免将下层水翻至上层而造成影响。位点接近湖底时，要注意防止底部泥沙翻起。

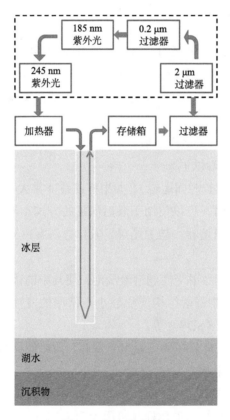

图 9.1　热水钻井方法

9.1.5　海底多年冻土采样方法

海底多年冻土微生物样品的采样工具主要是不同类型的钻机，如便携式汽油驱动的多年冻土凿岩机钻、具有液压旋转压力机制的钻机和移动式钻机等。海底多年冻土微生物样品与其他微生物样品一样，在采样、运输和保存过程中均要防止样品遭受污染。采样过程中使用的钻机不同，防止污染的措施也不一样，例如，使用便携式汽油驱动的多年冻土凿岩机钻和具有液压旋转压力机制的钻机取样时一般会使用钻机液，但是如果要采集海底多年冻土微生物样品，就不能使用钻机液，并且要对钻井进行除湿，以避免多年冻土的微生物样品污染；在使用旋转钻机和套管钻孔取样时，低温经常会使得样品冻结于套管中，一般使用压缩空气将冷冻的样品吹出芯桶，减少样品遭受污染的风险。微生物样品的所有操作应在低温下进行，包括样品包装、编目、运输和保存等。

9.1.6　样品的运输与保存

由于样品都是在偏远地区采集的，将其从野外带回到实验室需要一定的时间，这就涉及在这个过程中如何保存和运输样品。保存方法应该做到：①避免样品污染；②减缓生物作用；③减缓各种化学物质的水解及氧化还原作用；④减少组分的挥发。

具体方法如下。

（1）冷冻保存（首选）。采集样品后，使用保温箱、冰袋、冰箱、干冰、液氮等立即使样品处于冷冻状态（–20℃以下）。

（2）干燥后保存（可较长时间运输）。如果样品量非常大、采样时间非常长、距离非常远而无法选择冷冻保藏时，可以使用干燥后保藏的方式。但是此方法对微生物群落活性有较大影响，并且干扰可培养实验的结果。具体方法有冷冻干燥、自然风干、干燥剂干燥等。

（3）变性剂保存。将样品用变性剂溶液浸泡，使其中的微生物死亡、DNA 降解酶等失活。可保证数天内微生物群落结构变化较小。常用的变性剂有溴化十六烷三甲基铵（CTAB）、十二烷基硫酸钠（SDS）等。

（4）自然常温保存。采样后在环境温度下保存，短时间保藏（12 h 内），会对微生物群落结构和活性造成较大影响。

根据试验设计和具体情况，选择合适的方法。大多数情况下使用冷冻保存的方式运输。用于微生物多样性分析的液体样品可用无菌 0.22 μm 滤器过滤，弃去滤液，保存滤器，可减少运输和保藏样品的体积。样品在保存前应分成几份，避免取用时反复冻融。样品在运输过程中应处于低于 4℃条件下且不宜时间过长，长期保存应在–20℃或者–80℃条件下。

9.2　冰冻圈微生物分析方法

传统的微生物分析方法主要是分离培养，其优点是可获得菌种资源。近几十年来，随着分子生物学技术的快速发展，微生物的研究分析方法有了很大的发展，可全面反映微生物的群落组成和功能。

9.2.1　基于活体微生物的研究方法

1. 微生物的分离培养

该方法的优点是可以得到菌株资源，缺点是只能分离出样品中微生物的一小部分。从环境中分离微生物时应选择合适的培养基：LB 培养基、R2A 培养基可作为一般性培养基对样品中的细菌进行筛选；PSG 培养基主要用于筛选古菌；而 PYGV 培养基则是寡营养培养基，其营养成分贫瘠与采样地环境更为相似；模拟原位条件的培养基，如雪水培养基（in situ snowmelt medium），将采集的雪融化，加入 2% 的纯净琼脂，至少煮沸 15 分钟，制作培养平板；0℃下培养的培养基，在培养基中加入一定量的甘油（Mykytczuk et al., 2013; Rose, 2017）。为了获得更多的物种，可自行设计优化培养基。

2. 微生物计数

1）微生物平板菌落计数法

微生物平板菌落计数法是一种传统的方法，它采用特有的培养基对样品中可培养的微生物进行培养分离，然后根据微生物的菌落形态和菌落数来测定微生物的类型和数量。微生物平板菌落计数法重复性好，可同时确定微生物菌落数量、菌落形态（胡婵娟等，2011）。

2）荧光染色法

原理：通过用荧光物质标记细胞的特定部位，在荧光显微镜下直接观察细菌细胞，用于检测细胞总数的方法。

常用的荧光染料有：DAPI（4',6-diamidino-2-phenylidole），与细菌 DNA 结合发蓝光。吖啶橙[3,6-bis（dimethylamino）acridinium chloride]具有膜通透性，可与细胞中的 DNA 和 RNA 结合。碘化丙啶（propidium Iodide）可嵌入双链 DNA 释放红色荧光，只能染色细胞膜不完整的细胞。CFDA[5-（and 6）- carboxyfluorescein diacetate]具有细胞膜通透性，进入胞内酯酶水解成羧基荧光素产生荧光，死细胞无完整细胞膜不能被染色。SYBR Green 能够与双链 DNA 结合形成荧光。

3）流式细胞仪

流式细胞仪（flow cytometer ）是对细胞进行自动分析和分选的装置，其是集激光技术、微弱荧光检测技术、高速数字信号处理技术、计算机数值分析技术、流体动力学及荧光化学技术、单克隆抗体技术于一体的新型高科技细胞分析技术。其可以快速测量统计微生物细胞数量，也可根据预选的参量范围把指定的细胞亚群从中分选出来。

3. 微生物群落功能分析

1）微生物呼吸速率的测定

微生物呼吸是指微生物分解有机物质产生能量的过程，是微生物几乎所有生命活动的能量来源。因此，呼吸作用的强弱在很大程度上可以反映微生物的总活性，而基于呼吸速率的微生物活性测定也是土壤微生物研究最常用的方法之一（车荣晓等，2016）。

土壤微生物呼吸速率常用的测定方式有 3 种：CO_2 释放速率、O_2 消耗速率和呼吸引起的温度变化，其中尤以前两种方法最为常用。为排除动、植物的影响，土壤微生物呼吸速率多在非原位状态下测定：即采集土壤样品，去除其中的植物根系后，置于一定的温度、水分等条件下培养。在此过程中 CO_2 或 O_2 浓度的变化一般采用气相色谱仪、红外气体分析仪、氧电极或专门的呼吸仪等仪器测定，温度变化的测定则需要高精度测温装置。

2）微生物群落碳源、氮源利用测定

这相当于群落水平的生理图谱（community level physiological porfiling，CLPP）。可通过 Biolog 公司开发的微平板（生态板）快速测定。Biolog 微平板含有 96 个小孔，除对照外，其余孔内分别含有不同的有机碳源、氮源和一种指示剂，通过接种菌悬液，根据微生物对营养物质利用时指示剂颜色变化差异来鉴定微生物群落功能多样性。该方法具有仪器自动化程度高、获取数据周期短的技术优势。

3）稳定同位素示踪活性研究/原位研究方法

该方法是利用自然界中一种元素的同位素组成（自然丰度）是相对恒定的，并且稳定同位素及其化合物之间的化学性质和生物性质是相同的，只是具有不同的核物理性质。因此，可以用稳定性同位素作为示踪原子，制成含有稳定性同位素的标记化合物，利用其与相应非标记元素的不同特性，通过质谱仪、核磁共振仪等分析仪器来测定稳定同位素反应后的位置、数量及其转变量等，从而了解反应的机理、途径、效果等。可用来分析微生物对各形态有机物质的迁移、转化及判源分析。

9.2.2 基于分子生物学的研究方法

分子生物学方法从分子水平研究生物大分子的结构与功能，其与生态学的交叉对微生物生态学产生了重大影响，对微生物群落组成、在环境中的作用、与其他生物的相互作用等研究产生了巨大的推动作用（姬洪飞和王颖，2016）。

1. 基因芯片技术

基因芯片是将大量 DNA 探针用一定的方法有序固定在一个面积很小的载体上，组成密集的分子排列，然后与标记的样品杂交，通过计算机对杂交信号检测分析，得到样品的遗传信息。其优点有高通量、快速全自动分析、高精度、高灵敏度等，可用来分析样品中微生物的组成和多样性。基因芯片经历了数代的改进，现在常用的有系统发育芯片（PhyloChip，用于识别微生物以及微生物之间的系统发育联系，分析微生物的多样性）和功能基因芯片（GeoChip，用于研究功能基因的多样性和功能微生物的活性）。基因芯片尤其适合识别不同时间、地点和处理之间的代表微生物或微生物群落的差别，此外，功能基因芯片还可以定量 C、N、S 和 P 循环、有机污染物降解和胁迫响应等相关的功能基因的变化。

2. 聚合酶链式反应技术

聚合酶链式反应（PCR）技术包括定量 PCR、变性梯度凝胶电泳（DGGE）、温度梯度凝胶电泳（TGGE）、限制性片段长度多态性（RFLP）、扩增核糖体 DNA 限制性分析（ARDRA）、随机引物扩增多态性 DNA（RAPD）、PCR-单链构象多态性（PCR-SSCP）、扩增片段长度多态性（AFLP）等。

1）定量 PCR

定量 PCR 也称实时荧光定量 PCR（realtime quantitative PCR），是指在 PCR 反应体系中加入荧光基团，利用荧光信号积累实时监测整个 PCR 进程，最后通过标准曲线对未知模板进行定量分析的方法，用于分析微生物中特定基因的数量和表达量。

2）变性梯度凝胶电泳（DGGE）和温度梯度凝胶电泳（TGGE）

DGGE 的原理是基于 PCR 扩增产物中 G+C 含量不同的组分在电泳胶中变性和移动速度的快慢而产生不同的带谱，由于不同微生物群落的带型组成不同，因而可直接观察不同微生物群落多态性。TGGE 是在 DGGE 基础上衍生出的技术，原理与 DGGE 基本相同。DGGE 最初是用来检测 DNA 突变的一种技术，其分辨精度高于琼脂糖电泳和聚丙烯酰胺凝胶电泳。它能把长度相同但序列不同的 DNA 片段区分开，形成指纹图谱，直接反映群落结构。DGGE 技术避免了分离纯化培养所造成的分析上的误差，因此其成为微生物群落遗传多样性和动态性分析的强有力工具。

3）限制性片段长度多态性（RFLP）和扩增核糖体 DNA 限制性分析（ARDRA）

RFLP 分析是一种常用的微生物分子生态学分析方法。该技术建立在 PCR 基础之上，已被成功应用到了菌种鉴定、微生物群落的对比分析及微生物群落遗传多样性研究中等。实验中，经过 PCR 扩增的 DNA，需要用限制性内切酶进行切割，用标记探针杂交。由于 DNA 酶切片断组分复杂，难以比较，给微生物多样性的研究带来了一定困难。将 PCR 技术与 RFLP 技术结合，并由此衍生了 ARDRA 技术，应用于 rDNA 限制性片断长度多态性的分析，对微生物遗传多样性的研究有重要意义。

4）随机引物扩增多态性 DNA（RAPD）

RAPD 以单一短的任意序列引物在非严格的条件下进行 PCR，使基因组的许多位点同时得以扩增。对于任一特异的引物，同基因组 DNA 序列有其特异的结合位点，在符合 PCR 扩增条件下，基因组区域发生 DNA 片段插入、缺失或碱基突变，导致这些特定结合位点分布发生相应的变化，从而使 PCR 产物增加、缺少或分子量发生改变。通过分析 PCR 产物检测扩增产物 DNA 片段的多态性，能反映基因组相应区域的 DNA 多态性。RAPD 技术继承了 PCR 技术效率高、样品用量少、灵敏度高、检测容易等优点，对一些表型上不能反映的遗传物质的细微变化都可以通过 RAPD 技术显示出来。

5）PCR-单链构象多态性（PCR-SSCP）

PCR-SSCP 基于不同碱基序列的单链 DNA 分子空间构象不同，当其在非变性聚丙烯酰胺凝胶中进行电泳时，其电泳的迁移速率也不同，对于同一段 DNA 单链这种空间和电泳速率的改变的分析，就能判断是否发生突变。因此，经 PCR 扩增后的 DNA 单链，在中性胶中电泳后，可以检验有无突变，从而反映样品中微生物的遗传多样性。非变性 PAGE 电泳是根据单链 DNA 片段空间构象的立体位阻来达到分离目的。因此，当正常链与突变链迁移率很近时，很难看出两者的差别。但是，SSCP 分析法对突变检测仍是一种快速、简便、灵敏的方法。

3. 微生物组学的研究方法

微生物组学研究包括基因组、转录组、宏基因组、宏转录组、微生物蛋白质组等。其研究不仅能从群落水平上揭示微生物群落组成的变化，还能从更细的微生物分类水平上显示微生物群落的具体变化。

1）基因组

基因组是指某一生物一个细胞内的全套 DNA。通过基因组可以分析微生物进化过程，进行致病机理研究、抗生素开发，推测微生物具有的潜在功能等。

2）转录组

转录组（transcriptome）指在特定条件下，某一生物组织或细胞表达的全部转录本的总和，包括 mRNA、rRNA、tRNA 及非编码 RNA。转录组能够揭示不同发育阶段和不同环境条件下组织或细胞基因表达的信息。转录组是分析和了解启动子、转录起始位点、开放阅读框、非编码调控区（域）、非翻译区（域）和转录本等基因组功能元件与细菌细胞不同功能调控分子机制所必需的。

3）宏基因组

宏基因组（metagenome）也称微生物环境基因组（microbial environmental genome）或元基因组，其定义为环境中全部微生物基因组的总和。它包含可培养的和未可培养的微生物的基因组。目前主要指环境样品中的细菌和真菌的基因组总和。特定生物种基因组研究使人们的认识单元实现了从单一基因到基因集合的转变，宏基因组研究将使人们摆脱物种界限，揭示更高、更复杂层次上的生命运动规律。在目前的基因结构功能认识和基因操作技术背景下，细菌宏基因组成为研究和开发的主要对象。细菌宏基因组、细菌人工染色体文库筛选和基因系统学分析，使研究者能更有效地开发细菌基因资源，更深入地洞察细菌多样性。

4）宏转录组

宏转录组（metatranscriptome）是指环境样品中微生物的全部转录本，能从群体水平上反映环境微生物功能基因的表达水平及其在不同环境条件下的转录调控规律。通过宏转录组分析可以研究环境微生物的多样性与相关功能，研究种群多样性及各种因素对代谢的影响。

5）微生物蛋白质组

蛋白质组常指特定条件下生物细胞或组织表达的全部蛋白质的总和及其调控的活动，包括翻译后如何修饰、蛋白结构与功能、蛋白分布与丰度、蛋白与蛋白之间相互作用等。尽管生物体所有细胞都携带有全套遗传信息，但每个细胞中只有少数基因处于表达状态，表达的基因类型及其表达丰度因细胞种类的不同而异，且随所处内外环境的变化而变化。

随着蛋白组学的迅速发展，其研究方法和技术也在不断更新。目前，应用相对成熟的蛋白质组研究方法主要有两种。一种是基于传统双向电泳及染色基础的定量方法。双向电泳技术具有分辨率高、上样量大、速度快、重复性好等优点，并且可以得到每种蛋白质的等电点、分子量及含量等信息，有助于蛋白质的鉴定。但该技术对于低丰度蛋白、难溶性蛋白及等电点极酸极碱的蛋白分离性差。同时，双向电泳所需要的仪器设备较昂贵，且操作烦琐，难以实现和质谱的直接联用，不利于自动化操控。另一种是基于质谱检测的定量方法，这种方法是通过质谱峰的信号强度来表现蛋白质肽段丰度，可分为稳定同位素标记的定量蛋白质组学技术（如 iTARQ）和非标记的定量蛋白质组学技术（如 label-free）。

目前常将蛋白质组和转录组的数据整合起来分析，不仅能在蛋白质水平及转录水平两个不同层次上透视生命活动的规律与本质，还能揭示二者之间的相互调控作用或者关联。

6）微生物代谢组学

微生物代谢组学主要研究对胞内代谢物进行分离和分析的方法。由于微生物代谢活跃、代谢物间转换快，因此，保证取样和样品处理方法能够准确地反映微生物当时的生理状态以及样品前处理方法的稳定性和重复性是一项很大的挑战。微生物样品前处理一般包括菌体培养、快速取样、淬灭、菌体洗涤、细胞的破碎和胞内代谢物的提取等步骤。具体每种微生物前处理方法存在很大的不同，有针对性地优化出一套耐用、稳定、重复性好的样品前处理方法是非常重要的。

过去胞内代谢物的测定方法主要是酶法，该方法需要的样品体积大，而且每次只能分析样品中的一种或几种代谢物，但对于微生物来说，其胞内代谢物浓度一般较低，且浓度相差较大，所以利用酶法定量很难获得可靠结果。无偏性、高灵敏度和高通量是微生物胞内外代谢物定量分析的关键。目前，气相色谱-质谱联用仪（GC-MS）、液相色谱-质谱联用仪（LC-MS）、毛细管电泳-质谱联用（CE-MS）、核磁共振（NMR）是代谢组学最为常用的几种分析方法。

气质联用法分离性能好，易操作和较为经济。但是缺陷也很明显，其对具有挥发性和非热敏感性的化合物较为适用，但对挥发性较低的化合物需要衍生化处理，且处理过程中可能引起某些化合物的变化。液质联用具有检测范围较广、选择性好、灵敏度高以及样品制备简单等特点，适用于分析挥发性较低、热稳定性较差的代谢物。毛细管液相色谱-质谱技术具有试剂成本低、分析速度快、样品不需要特殊处理、用量少、灵敏度高、高通量以及测试时间短等特点。核磁共振具有无偏性、无损伤性等特点，且能够一次性完成复杂样品中的代谢物的定性和定量分析。

9.2.3　其他研究方法

不同的微生物具有不同的细胞组分，可以通过分析环境样品中某种或者某些成分的差异来间接分析微生物群落结构特征。

1. 拉曼光谱技术

拉曼光谱技术是根据原子质量高的重同位素（如 ^{13}C 和 ^{15}N）产生的拉曼光谱波长较轻同位素短，来分析微生物细胞的代谢功能。例如，当微生物利用 ^{13}C 标记的底物以后，一些生物标志物的拉曼波长变短，如核酸、蛋白质、碳水化合物和脂类等。此外，尽管每个物种均可以检测到核酸、蛋白质、碳水化合物和脂类等生物标志物，但是不同物种所产生图谱的峰高有一定差异，因此每个物种产生的拉曼图谱不同，说明拉曼光谱技术还具有生成全细胞指纹图谱的潜力。

2. 磷脂脂肪酸谱图分析方法

磷脂脂肪酸（phospholipid fatty acid，PLFA）是构成所有微生物细胞膜的重要成分。不同类群微生物能通过相应生化途径形成特定的 PLFA，因而 PLFA 具有结构多样性和较高的生物学特异性，这是 PLFA 作为区分活体微生物群落生物标记的基础。由于所生成的脂肪酸对于不同生物在组成成分上可显示出极大的差异，因此，许多研究者用环境样中可提取磷脂类化合物中的脂肪酸组成来直接评估微生物的群落结构。

PLFA 的组成和浓度可能受极端环境中微生物生长及外界环境的影响，且难以区别微生物的存活状态，因而给微生物群落结构的定性和定量分析带来了一定困难。此外，极端环境样中 PLFA 标记物的组成及其稳定性还受提取方法、提取条件等因素的直接影响，即使是同一样品采用不同的提取方法和条件，也可能会出现微生物多样性估计的偏差。因此，在操作过程中需要严格保证质量，排除各种可能发生的误差干扰。

3. 麦角固醇分析法

麦角固醇是真菌和原生动物细胞膜的重要组分，通过测量麦角固醇含量来估测真菌的生物量。其操作包括快速物理萃取、超声波萃取和加酶提取等，检测方法包括高效液相色谱法、气质联用法、大气压化学电离与质谱联用法、液相色谱法和薄层色谱法。

9.3 生物信息学在冰冻圈微生物研究中的应用

生物信息学（bioinformatics）是用计算机科学、信息科学的技术和方法对海量生物数据进行处理和分析，从而获得所需要的生物科学信息的一门综合性、交叉性新学科，是当今生命科学的重要研究领域之一。生物信息学分析包括 DNA 和蛋白质突变替换速率的测定、RNA 结构的预测以及多序列比对算法、进化树拓扑结构的构建等。可进行蛋白质结构分析和预测以及蛋白分子进化等分析。随着测序数据量快速增加，数据库的容量大大扩充，进行预处理的二级数据库，如 KEGG、Pfam 等也相继被开发。FASTA 家族的数据库搜索算法也逐渐成熟，为大型数据库（如 GenBank 和 EMBL 数据库）的建立奠定基础。随着理论研究和实践方面的突破，生物信息学具有了自己独特的理论体系和解决问题的方法。

21 世纪初，随着测序技术的飞速发展，大规模测序变得相对简单，DNA 数据量呈指数增长态势，数以百计的生物学数据库迅速出现和成长，因而对生物信息学工作者提出了新挑战。部分已有的分析手段已经无法适用于新一代测序仪所提供的数据，新的分析工具也不断被开发和应用（Quince et al., 2017）。

9.3.1 常用数据库

（1）GenBank：一级数据库。GenBank 由美国国立卫生研究院下属国立生物技术信息中心建立，是国际核苷酸序列数据库合作成员，是美国国立卫生研究院维护的基因序列数据库，汇集并注释了所有公开的核酸序列。

（2）直系同源蛋白聚簇（cluster of orthologous group，COG）：二级数据库，是通过把所有完整测序的基因组的编码蛋白逐一互相比较确定的。构成每个 COG 的蛋白，都被假定为来自一个祖先蛋白。每个 COG 都有功能注释，并按照不同的功能对其进行分类。直系同源蛋白是指来自不同物种的，由垂直家系（物种形成）进化而来的蛋白，并且典型地保留与原始蛋白相同的功能。

（3）Pfam:二级数据库。Pfam 是关于蛋白质家族（protein family）的数据库，通过在更广泛的数据库中搜索，而自动生成的蛋白家族数据库。每个蛋白家族以多序列比对和隐马尔可夫模型来表示。Pfam 数据库分为两部分: Pfam-A 和 Pfam-B。Pfam-A 是高质量、手工校对的蛋白家族数据库。Pfam-B 是 Pfam-A 的补充，可以用来鉴定一些在 Pfam-A 中找不到保守区的蛋白序列。Pfam 数据库可以通过网站提交蛋白序列进行分析，也可以把数据库下载到本地运行。

（4）KEGG（Kyoto encyclopedia of genes and genomes）：二级数据库，创建于 1995 年，对代谢途径的分析是其特色。通过分析已知基因组的代谢网络和基因网络，建立代谢途径的标准参考图。通过分析基因组信息，来揭示细胞及生物在高级系统层次的行为。对于最新获得基因组的物种，输入其全部的蛋白质序列，就可以预测出该新物种的代谢网络途径。

（5）InterPro: 是欧洲生物信息学研究所（European Bioinformatics Institute，EBI）开发的一个集成数据库，用来对蛋白和基因组进行自动注释和分类。InterPro 使用 GO（gene ontology）号对序列从超家族、家族和亚家族三个层次进行分类。InterPro 数据库可以通过网站提交序列进行分析，也可以把数据库下载到本地用专门的数据库搜索软件 interproscan 进行搜索。Interpro 把 Swiss-PROT、TrEMBL、PROTSITE、PRINTS、Pfam 等数据库统一整合起来，提供了一个较为全面的分析工具。

9.3.2　常用软件

1. QIIME 软件包

QIIME（Quantitative Insights Into Microbial Ecology）是一个开源的用来比较分析微生物群落结构的软件包全称。QIIME 可以对高通量平台的原始数据初步分析，例如，OTU 划分、物种分类、进化树构建、统计分析以及一系列可视化分析。它主要针对高通量测序平台产生的数据，但同样支持其他类型的数据。QIIME 中包括 mothur、UCLUST、ChimeraSlayer、PyNAST、FastTree、RDP Classifier 等常用的分析软件。

2. MOTHUR 软件包

MOTHUR 是当前最受欢迎的分析 16S rRNA 基因的软件之一，由美国密歇根大学的 Patrick Schloss 博士和他的软件开发团队共同开发，最初是为了满足微生物生态学生物信息分析的需要。MOTHUR 是跨平台的开源软件。

3. R 语言

R 语言可以进行统计计算、图形绘制、数据分析、解决方案等。优点主要有开源、免费、语法简单、跨平台（Windows、MacOS、Linux、Unix）、支持数据类型广泛、数千种程序包、高水准制图功能等。R 语言的作图功能非常强大，目前各种分析图表基本上都可以制作，且内建多种统计学及数字分析功能。

4. CANOCO 数据统计分析软件

CANOCO（Canoco for Windows）是用于约束与非约束排序的生态学应用软件。Canoco for Windows 整合了排序以及回归和排列方法学，以便得到完善的生态数据统计模型。Canoco for Windows 包括线性和曲线单峰方法。使用 Canoco for Windows 进行排序，能够了解：①生物群落结构；②植物与动物群落以及它们与环境之间的联系；③一个对环境和（或）其生物群落的假设冲击所能造成的影响；④在生物群落上进行的复杂生态学和生态毒理学实验的相关处理所能造成的影响。

5. Glimmer

Glimmer 是由美国基因组研究所开发的用于基因预测的工具。Glimmer 利用物种已知的基因序列生成一个马尔可夫模型参数集合，利用这个参数集合对 DNA 序列进行基因预测，识别编码区并将其从非编码的 DNA 中区分出来。Glimmer 预测系统对原核生物基因的预测已非常精确，相比之下，对真核生物的预测则效果有限。

6. Phred、Phrap、Consed

Phred、Phrap、Consed 主要用于微生物基因组的基因预测，特别是细菌、古菌和病毒等的基因组。用于完成序列的读取、处理、组装和校正。Phred/Phrap 是一个软件程序包。Phrap 是对测序生成的序列进行组装，使用 overlap 算法，能够处理比较大的数据集。Phred 功能是处理测序仪直接生成的色谱图，给出相应的碱基和质量值。Consed 是一款功能强大的图形化软件，能通过直观的界面对 Phrap 的组装结果进行检查和校正。现在 Consed 已经成为基因组组装的标准工具，能够方便地进行组装的统计分析。

7. BLAST

基本局部相似性比对搜索工具（basic local alignment search tool，BLAST）能够比较两段核酸或者蛋白序列之间的同源性，并能快速找到两段序列之间的同源序列，并对区域进行打分，以确定同源性的高低。运行方式是先用目标序列建数据库（database），然后用待查的序列（query）在 database 中搜索，每一条 query 与 database 中每一条序列都要进行双序列比对，从而得到全部比对结果。BLAST 程序是免费软件，可以从美国国家生物技术信息中心（NCBI）等文件下载服务器上获得，安装在本地计算机上，包括 Linux 系统和 Windows 系统的各种版本。国际著名生物信息中心都提供基于 Web 的 BLAST 服务器。BLAST 是一个集成的程序包，通过调用不同的比对模块，提供了核酸和蛋白序列之间所有可能的比对方式，具有较快的比对速度和较高的比对精度，在常规序列比对分析中应用非常广泛。可以说，BLAST 是进行比较基因组学乃至整个生物信息学研究必须掌握的一种比对工具。

8. PICRUSt、Tax4Fun、FAPROTAX、BugBase 和 FUNGuild

PICRUSt、Tax4Fun、FAPROTAX 和 BugBase 是基于原核 16S rDNA 高通量测序结果对微生物群落功能（function）或表型（phenotype）进行预测的工具，FUNGuild 是基于真菌 ITS 序列预测真菌群落功能的工具。这五个软件通过特定的方法将物种分类和功能关联起来，其结果各有特色。例如，FAPROTAX 反映微生物群落生态功能，尤其是在碳、氢、氮、磷、硫等元素的生物地球化学循环中的功能；BugBase 是原核微生物群落的好氧、厌氧、兼性厌氧、生物膜形成、革兰氏阳性/阴性等高水平的表型分类情况；PICRUSt 和 Tax4Fun 结果提供原核微生物的 KEGG 代谢通路或相关酶等。

9.3.3　常用分析方法

1. 系统发生树的构建

系统发生树的构建与分析是生物信息学中的一个重要内容。研究系统发生树可以重建祖先序列和估计分歧时间。分子系统发生分析主要分成三个步骤：①分子序列或特征数据的分析；②系统发生树的构建；③结果的检验。其中，第一步的作用是通过分析产生距离或特征数据，为建立系统发生树提供依据。用于构建系统发生树的分子数据可以分成两类：一个是距离（distances）数据，常用距离矩阵描述，表示两个数据之间所有两两差异；另一个是特征（characters）数据，表示分子所具有的特征。

根据所处理数据的类型，可以将系统发生树的构建方法大体上分为两大类。一类方法是基于距离的构建方法，利用所有物种或分类单元间的进化距离，依据一定的原则及算法构建系统发生树。基本分析过程是：列出所有可能的序列对，计算序列之间的遗传距离，选出相似程度比较大或非常相关的序列对，利用遗传距离预测进化关系。这类方法有非加权配对算术平均法（unweighted pair group method with arithmetic means，UPGMA）、邻接法（neighbor joining method，NJ）、Fitch-Margoliash 法、最小进化法（minimum evolution）等。另一类方法是基于离散特征的构建方法，利用具有离散特征状态的数据，如 DNA 序列中的特定位点的核苷酸。建树时，着重分析分类单位或序列间每个特征（如核苷酸位点）的进化关系等。属于这一类的方法有最大简约法（maximum parsimony method）、最大似然法（maximum likelihood method）、进化简约法（evolutionary parsimony method）、相容性（compatibility）等（图 9.2）。

目前常用的系统发生树分析软件有 HYLIP、MEGA、MrBayes 等。

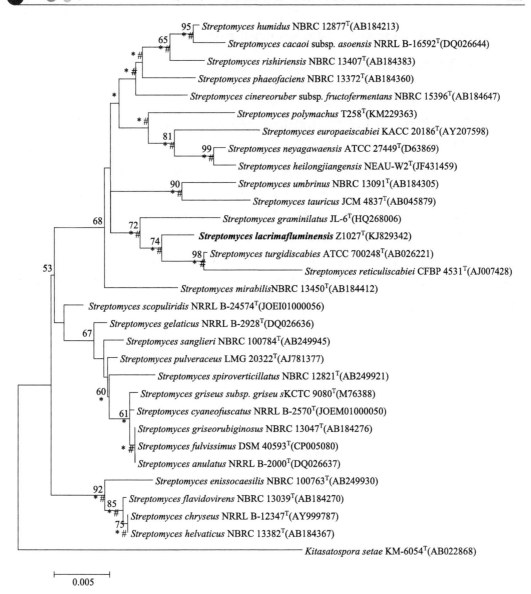

图 9.2　根据 16S rRNA 基因序列的 MEGA 软件构建系统发生树

2. 多样性指数（α-diversity）

单样品的多样性分析（α 多样性）可以反映微生物群落的丰度和多样性，表征菌群丰度的指数主要有 Chao 指数和 Ace 指数，表征菌群多样性的指数主要有 Shannon 指数和 Simpson 指数。具体定义和计算方法可参考以下网站。

Chao-the Chao1 index（http://www.mothur.org/wiki/Chao）；

Ace-the ACE index（http://www.mothur.org/wiki/Ace）；

Shannon-the Shannon index（http://www.mothur.org/wiki/Shannon）；

Simpson-the Simpson index（http://www.mothur.org/wiki/Simpson）。

3. 稀释曲线（rarefaction curve）

稀释曲线是从样本中随机抽取一定数量的个体，统计这些个体所代表的物种数目，并以个体数与物种数来构建曲线。用来比较测序数据量不同的样本中物种的丰富度，也可以用来说明样本的测序数据量是否合理。采用对序列进行随机抽样的方法，以抽到的序列数与它们所能代表 OTU 的数目构建稀释性曲线，当曲线趋向平坦时，说明测序数据量合理，更多的数据量只会产生少量新的 OTU，反之则表明继续测序还可能产生较多新的 OTU。因此，通过做稀释曲线，可得出样品的测序深度。一般使用 97%相似度的 OTU，利用 mothur 做 rarefaction 分析，利用 R 语言工具制作曲线图。

Venn 图可用于统计多个样品中所共有和独有的 OTU 数目，可以比较直观地表现环境样品的 OTU 数目组成相似性及重叠情况。通常情况下，分析时选用相似水平为 97%的 OTU 样品表，用 R 语言工具统计和作图（图9.3）。

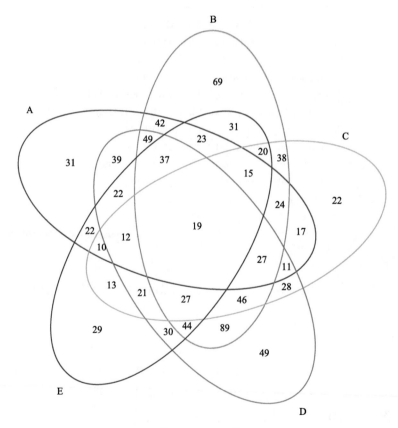

图9.3　Venn 图

4. PCA

PCA（principal component analysis）即主成分分析，是一种对数据进行简化分析的方法，利用这种方法可以有效地找出数据中最"主要"的元素和结构，去除噪声和冗余，将原有的复杂数据降维，揭示隐藏在复杂数据背后的简单结构。其优点是简单且无参数限制。通过分析不同样品 OTU（97%相似性）组成可以反映样品间的差异和距离，PCA 运用方差分解，将多组数据的差异反映在二维坐标图上，坐标轴取能够最大反映方差值的两个特征值。例如，样品组成越相似，反映在 PCA 图中的距离越近。不同环境间的样品可能表现出分散和聚集的分布情况，PCA 结果中对样品差异性解释度最高的两个或三个成分可以用于对假设因素进行验证。PCA 分析可用 R 语言或 CANOCO 进行。

5. 基于 β 多样性距离的非度量多维尺度分析（NMDS）

非度量多维尺度法是将多维空间的研究对象（样本或变量）简化到低维空间进行定位、分析和归类，同时又保留对象间原始关系的数据分析方法。适用于无法获得研究对象间精确的相似性或相异性数据，仅能得到它们之间等级关系数据的情形。其基本特征是将对象间的相似性或相异性数据看成点间距离的单调函数，在保持原始数据次序关系的基础上，用新的相同次序的数据列替换原始数据进行度量型多维尺度分析。换句话说，当资料不适合直接进行变量型多维尺度分析时，对其进行变量变换，再采用变量型多维尺度分析，对原始资料而言，就称其为非度量型多维尺度分析。其特点是根据样品中包含的物种信息，以点的形式反映在多维空间上，而对不同样品间的差异程度，则是通过点与点间的距离体现的，最终获得样品的空间定位点图。用 QIIME 计算 β 多样性距离矩阵，R 语言 vegan 软件包做 NMDS 分析和作图（图 9.4）。

6. RDA/CCA 分析

RDA 分析（redundancy analysis）或者 CCA 分析（canonical correspondence analysis）是基于对应分析发展而来的一种排序方法，将对应分析与多元回归分析相结合，每一步计算均与环境因子进行回归，又称多元直接梯度分析。主要用来反映菌群与环境因子之间的关系。RDA 基于线性模型，CCA 基于单峰模型。分析可以检测环境因子、样品、菌群三者之间的关系或者两两之间的关系。

RDA 或 CCA 模型的选择原则：先用 species-sample 数据（97%相似性的样品 OTU 表）做 DCA 分析，看分析结果中 lengths of gradient 第一轴的大小，如果大于 4.0，就应该选 CCA，如果为 3.0～4.0，选 RDA 和 CCA 均可，如果小于 3.0，RDA 的结果要好于 CCA。应用 R 语言 vegan 包或 CANOCO 均可进行 RDA/CCA 分析和作图（图 9.5）。

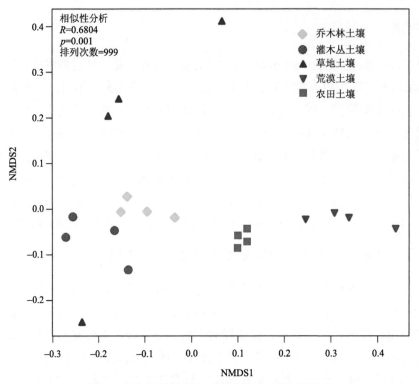

图 9.4 β 多样性距离的非度量多维尺度分析结果

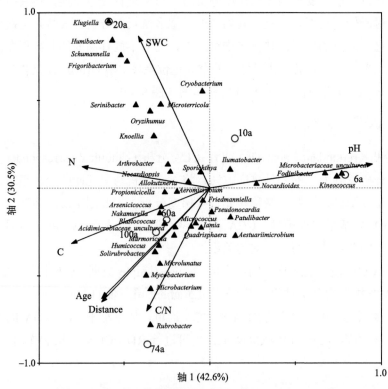

图 9.5 RDA/CCA 分析结果（引自 Zhang et al., 2016b）

7. 显著性差异分析

显著性差异分析（differentially abundant features）根据得到的群落丰度数据，运用严格的统计学方法可以检测两组微生物群落中表现出丰度差异的类群，进行稀有频率数据的多重假设检验和错误发现率（FDR）分析可以评估观察到的差异的显著性。分析可选择门、纲、目、科及属等，不同分类学水平。

8. UniFrac 分析

UniFrac 分析利用各样品序列间的进化信息来比较环境样品在特定的进化谱系中是否有显著的微生物群落差异。UniFrac 可用于 beta 多样性的评估分析，即对样品两两之间进行比较分析，得到样品间的 UniFrac 距离矩阵。其计算方法为：首先利用来自不同环境样品的 OTU 代表序列构建一个进化树，UniFrac 度量标准根据构建的进化树枝的长度计量两个不同环境样品之间的差异，差异通过 0～1 距离值表示，进化树上最早分化的树枝之间的距离为 1，即差异最大，来自相同环境的样品在进化树中会较大概率集中在相同的节点下，即它们之间的树枝长度较短，相似性高。如果两个环境较相似，则会共享不同的进化树枝，当所有树枝都被共享时，UniFrac 距离即为 0。因为重复的序列不会影响进化树的树枝长度，所以 unweighted UniFrac 度量方法没有计入不同环境样品的序列相对丰度，由于不同菌落的相对丰度可以更严格地描述群落的变化，在使用 Weighted UniFrac 算法计算树枝长度时将序列的丰度信息进行加权计算，因此 Unweighted UniFrac 可以检测样品间变化的存在，而 Weighted UniFrac 可以更进一步定量地检测样品间不同谱系上发生的变异。

9. LEfSe 分析

LEfSe（linear discriminant analysis effect size）是一种用于发现高维生物标识和揭示基因组特征的软件。它可以根据分类学组成对样品按照不同的分组条件进行线型判别分析（linear discriminant analysis），找出对样品划分产生显著性差异影响的群落或物种（图9.6），包括基因、代谢和分类，用于区分两个或两个以上生物条件（或者是类群）。该算法强调统计意义和生物相关性。让研究人员能够识别不同丰度的特征以及相关联的类别。LEfSe 通过生物学统计差异而获得强大的识别功能。然后，执行额外的测试，以评估这些差异是否符合预期的生物学行为。具体来说，首先使用非参数因子克鲁斯卡尔—沃利斯秩和验检[non-parametric factorial Kruskal-Wallis（KW）sum-rank test]检测所有物种显著丰度差异特征，并找到与丰度有显著性差异的类群。最后，LEfSe 采用线性判别分析（LDA）来估算每个组分（物种）丰度对差异效果影响的大小。

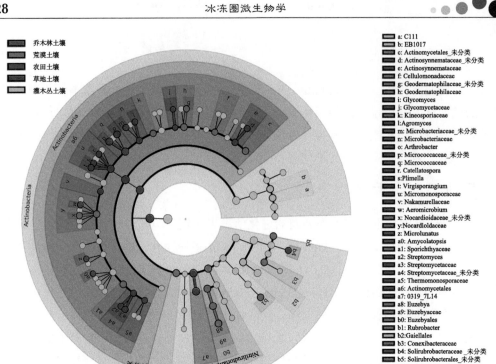

图 9.6 LEfSe 分析结果

10. 网络分析

微生物群落的网络分析（network analysis）可表示环境中不同微生物的物种间作用关系、物种共存模式、物种与环境因子相关性等。网络分析在探索微生物群落的特有功能、属性、结构以及群落的稳定性防线中有重要意义。例如，通过分析不同物种的连接度和所处模块，寻找整个群落中或者某种环境中的关键物种。可通过 Cytoscape 或者 Gephi 等软件绘制（图 9.7）。

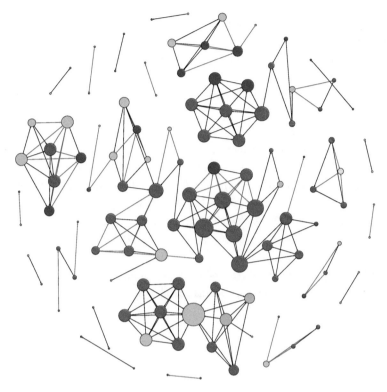

图 9.7　网络分析图

思　考　题

1. 冰冻圈与普通环境中微生物的研究方法有什么不同？
2. 哪些方法可以用来研究冻土中的微生物活性？它们的优缺点是什么？

参　考　文　献

车荣晓, 王芳, 王艳芬, 等. 2016. 土壤微生物总活性研究方法进展. 生态学报, 36(8): 2103-2112.

胡婵娟, 刘国华, 吴雅琼. 2011. 土壤微生物生物量及多样性测定方法评述. 生态环境学报, 20(6): 1161-1167.

胡维刚. 2016. 昆仑山垭口深层多年冻土微生物多样性及构建机制研究. 兰州: 兰州大学博士学位论文.

姬洪飞, 王颖. 2016. 分子生物学方法在环境微生物生态学中的应用研究进展. 生态学报, 36(24): 8234-8243.

刘炜. 2008. 不同类型冰川雪中微生物多样性及其与环境关系的研究. 兰州: 兰州大学硕士学位论文.

蒲玲玲. 2006. 青藏高原冰川与冻土微生物多样性的研究. 兰州: 兰州大学硕士学位论文.

Hallbeck L. 2009. Microbial Processes in Glaciers and Permafrost. Sweden: SKB.

Mykytczuk N C, Foote S J, Omelon C R, et al. 2013. Bacterial growth at 15℃; molecular insights from the permafrost bacterium Planococcus halocryophilus Or1. The ISME Journal, 7(6): 1211-1226.

Priscu J C, Achberger A M, Cahoon J E, et al. 2013. A microbiologically clean strategy for access to the Whillans Ice Stream subglacial environment. Antarctic Science, 25(5): 637-647.

Quince C, Walker A W, Simpson J T, et al. 2017. Shotgun metagenomics, from sampling to analysis. Nature Biotechnology, 35(9): 833-844.

Rose M. 2017. Psychrophiles: From Biodiversity to Biotechnology. Switzerland: Springer International Publishing AG.

Vishnivetskaya T, Kathariou S, McGrath J, et al. 2000. Low-temperature recovery strategies for the isolation of bacteria from ancient permafrost sediments. Extremophiles, 4(3): 165-173.

Zhang B L, Tang S K, Chen X M, et al. 2016a. *Streptomyces lacrimifluminis* sp. nov., a novel Actinobacterium that produces antibacterial compounds isolated from soil. International Journal of Systematic and Evolutionary Microbiology, 66(12): 4981-4986.

Zhang B L, Wu X K, Tai X S, et al. 2019. Variation in Actinobacterial community composition and potential function in different soil ecosystems belonging to the Arid Heihe River Basin of Northwest China. Frontiers in Microbiology, 10: 2209.

Zhang B L, Wu X K, Zhang W, et al. 2016b. Diversity and succession of Actinobacteria in the forelands of the Tianshan Glacier, China. Geomicrobiology Journal, 33(8):716-723.